极端热湿气候区太阳能空调设计手册与系统方案

刘艳峰　王登甲　王莹莹　著

中国建筑工业出版社

图书在版编目(CIP)数据

极端热湿气候区太阳能空调设计手册与系统方案/
刘艳峰,王登甲,王莹莹著. —北京:中国建筑工业
出版社,2019.12
  ISBN 978-7-112-24172-9

Ⅰ.①极… Ⅱ.①刘…②王…③王… Ⅲ.①空调
设计-手册 Ⅳ.①TB657.2-62

中国版本图书馆 CIP 数据核字(2019)第 202284 号

责任编辑:张文胜
责任校对:芦欣甜

极端热湿气候区太阳能空调设计手册与系统方案

刘艳峰 王登甲 王莹莹 著

*

中国建筑工业出版社出版、发行(北京海淀三里河路 9 号)

各地新华书店、建筑书店经销

北京科地亚盟排版公司制版

北京市密东印刷有限公司印刷

*

开本:787×960 毫米 1/16 印张:5¾ 字数:107 千字

2019 年 11 月第一版 2019 年 11 月第一次印刷

定价:**38.00** 元

ISBN 978-7-112-24172-9

(34698)

前　言

在我国低纬度岛礁建设宜居建筑，对于维持军民长期驻留、维护我国海洋国土安全、保护海洋渔业及矿产资源具有重要战略意义。低纬度岛礁处于极端热湿气候区，岛礁上建筑常年受高温、高湿、高盐、强辐射等多强场极端气候条件作用，仅依靠建筑隔热、遮阳、自然通风等被动技术难以满足人体基本热舒适需求，室内环境全年依赖降温、除湿设备系统。因各岛礁散布于远离陆地的浩瀚海洋，常规空调依赖的电力和热力在此均属稀缺资源，将长途运输而来的燃油用于驱动空调，代价巨大。极端热湿气候区特殊的气象与资源条件导致建筑热工设计方法、室内环境营造目标、空调系统形式等均有别于陆地现行标准。

低纬度岛礁地区太阳能资源丰富，年日照时数 2500h 以上，年均太阳辐射总量可达 6000MJ/m² 以上。因此，极端热湿气候区民用建筑热环境调节的最佳途径是太阳能自持式空调系统，即依托建筑物自身的收集面，通过光伏组件将太阳能转化为电能驱动空调系统运行。且极端热湿气候区建筑空调常年运行，建筑热湿负荷对应的用能需求与太阳辐射对应的太阳能供给规律存在正向同步关系，太阳能制冷空调的投入产出比高，若经过合理匹配设计，可实现超低能耗太阳能建筑热环境调节目标。但是，目前缺少关于极端热湿气候区的太阳能空调系统设计指导性资料。

本书从低纬度岛礁区太阳能资源实际出发，考虑当地极端热湿气候特征，结合实地调查、理论分析、数值模拟及相关实验研究，提炼了具有针对性的极端热湿气候区建筑热环境营造系统设计方法和系统选用方案，以供科研人员及工程技术人员参考，完善我国极端热湿气候区建筑热环境设计指导资料。

本书分为两部分内容：上篇为极端热湿气候区太阳能空调设计手册，包括室内外参数设计、建筑负荷计算、建筑节能设计、太阳能利用系统设计、冷源系统设计、空气处理系统设计等。下篇为极端热湿气候区太阳能空调系统选用方案，包含太阳能利用系统、冷源系统、空气处理系统等子系统及组合系统选用方案。

　　本书是由笔者所在研究团队承担的国家自然科学基金重大项目课题"极端热湿气候区超低能耗建筑热环境营造系统"（51590911）的研究成果以及根据现有相关标准规范总结而成。由刘艳峰教授、王登甲教授、王莹莹副教授主笔撰写。同时，研究团队博士研究生陈迎亚、董宇、胡亮，硕士研究生吴航、宋雪丹、孙超、邱政豪、徐兰静、刘露露、姜超等为本书编制工作过程中的数据调研、分析计算、插图绘制等付出了辛苦努力，对此表示感谢。最后，特别感谢"西部绿色建筑国家重点实验室"对相关研究提供了完善的实验平台和仪器设备条件。

　　限于作者的学识和水平，本书难免有不妥之处，恳请广大读者批评指正！

目　　录

上篇　设计手册

下篇 系统选用方案

上篇 设 计 手 册

1 总　　则

1.1　设计手册适用范围

本设计手册适用于指导极端热湿气候区太阳能空调系统设计。内容具体涉及太阳能空调室内外设计参数、负荷计算方法、系统形式选择、末端形式设计，以及光伏、冷源、除湿、蓄能系统设计，并且包括自然通风、遮阳、降温等技术策略。

1.2　极端热湿气候区能源要求

极端热湿气候区远离大陆，煤炭、天然气等常规资源匮乏，但太阳能及海水源等资源丰富。该气候区常年高温高湿，室内热环境营造全年依赖制冷及除湿设备运行。宜采用以太阳能或海水源作为主要冷热源的设备系统，以最少的常规能源消耗营造舒适的室内热环境，满足超低能耗建筑基本要求。

1.3　极端热湿气候区建筑节能基本要求

极端热湿气候区宜采用建筑隔热、遮阳、自然通风等被动技术手段，并且结合以太阳能、海水源等可再生能源为主的制冷、除湿设备系统，实现超低能耗建筑运行。极端热湿气候区建筑全年有降温需求，暖通空调设计、施工及运行应以供冷能耗值为主要约束目标。应重点控制以下内容：

（1）建筑设计应体现低能耗建筑的理念和特点，被动技术应注重与当地气候特征相适宜。极端热湿气候区的被动技术设计应在隔热、遮阳等基础上，通过合理的房间布局及功能区划，充分利用自然通风以减少建筑能耗。

（2）采用以建筑供冷能耗值为目标的性能化设计方法，通过建筑能耗模拟分析对建筑设计方案进行优化，进而确定被动技术类型、应用范围及程度。

（3）应针对太阳能空调建筑围护结构隔热、节点热桥、气密性等制定专项处理方案。应制定合理的新风处理方案，并进行适宜的气流组织优化设计。

（4）极端热湿气候区应对屋面遮阳、外窗遮阳、自然通风、建筑隔热等建本体及被动式技术进行节能顺序优化。

（5）太阳能空调建筑及系统施工方面，应采用更加严格的施工质量标准，在保证精细化施工的前提下，进行全过程质量控制。施工期间应注重对海风、盐蚀、海啸等做好防范工作。

（6）针对低能耗建筑特点，编制运行管理手册和用户使用手册。强调人的行为对节能运行的影响，培养用户的节能意识并指导其正确操作，实现节能目标。

2 极端热湿气候区特征

2.1 极端热湿气候区地理位置

本书所述极端热湿气候区指我国南海及其附属岛屿，泛指北回归线以南至我国领海最南端，主要包括我国南沙、西沙和中沙群岛等区域。

2.2 极端热湿气候区气候特征

极端热湿气候区临近赤道，常年气温高，月均、年均气温均在 28℃ 以上，年较差和日较差小于 3℃，年均相对湿度接近 80%。太阳辐射强烈，年日照时间超过 2500h，年均太阳辐射超过 6500MJ/m²，属太阳能资源富集区。极端热湿气候区具有高温、高湿、高盐、强辐射等多强场耦合气候特征。

2.3 极端热湿气候区能源特征

极端热湿气候区远离大陆，煤炭、天然气等常规能源匮乏，虽所在海域石油资源丰富，但远未进入采炼阶段。人们生活用能主要依靠外来运输的柴油发电。但是，极端热湿气候区太阳能、海水源等资源丰富，适宜作为建筑冷热源。

3 空调室内外设计参数

3.1 空气调节室外计算参数

3.1.1 空气调节室外计算干球温度，应采用历年平均不保证 50h 的干球温度。

3.1.2 夏季空气调节室外计算湿球温度应采用历年平均不保证 50h 的湿球温度。

3.1.3 夏季通风室外计算温度应采用历年最热月 14 时的月平均温度的平均值。

3.1.4 夏季通风室外计算相对湿度应采用历年最热月 14 时的月平均相对湿度的平均值。

3.1.5 夏季空气调节室外计算日平均温度应采用历年平均不保证 5 天的日平均温度。

3.1.6 夏季最多风向及其频率应采用累年最热 3 个月的最多风向及其平均频率。

3.1.7 年最多风向及其频率应采用累年最多风向及其平均频率。

3.1.8 夏季室外大气压力应采用累年最热 3 个月各月平均大气压力的平均值。

3.2 室内计算参数

3.2.1 室内热环境可划分为通风条件和空调条件热环境两种情况。在通风条件下，主要应保证人体具备舒适的湿热感，日间能正常活动，夜间能正常休息；在空调条件下，应满足室内空气干球温度和换气次数的要求。

3.2.2 依据《民用建筑供暖通风与空气调节设计规范》GB 50736—2012，结合极端热湿气候区气候条件、建筑室内热环境水平和人员舒适实际情况，并考虑可居住性、舒适性和卫生要求，空气调节建筑室内干球温度、相对湿度和风速要求见表 3.1。

空气调节室内设计参数　　　　　　　　　　表 3.1

参数		空调工况
干球温度（℃）	一般房间	26
	大堂、过厅	28
风速 v(m/s)		$0.15 \leqslant v \leqslant 0.3$
相对湿度（％）		$40 \sim 65$

4 太阳能空调建筑热工及节能设计

4.1 建筑围护结构节能设计的一般规定

4.1.1 建筑总平面的布置和设计，宜合理利用自然通风。

4.1.2 建筑群的总平面布局，宜使各栋建筑物尽量迎向夏季主导风向，宜采取有效措施将室外风引到建筑物各主要房间。多排建筑物的总平面设计应进行基地自然通风气流分析，妥善安排导风通道，减少建筑物之间的遮挡，避免出现自然通风的滞流区。

4.1.3 在优先组织主要房间穿堂风的基础上，应注意以下事项：

（1）应使进风窗迎向夏季主导风向，排风窗背向夏季主导风向。

（2）穿堂风的流向应使室外新鲜空气优先进入卧室、书房和起居厅，再经厨房、卫生间流到室外。应使厨卫的窗口处在背风面，防止污浊气流倒流。

（3）采取合理的窗口设计，尽量加大进排风窗口空气动力系数的差值；窗口设计应有利于气流流动，并能阻挡雨水进入。

（4）组织两个及两个以上房间的穿堂风，应使房间的气流流通面积大于进风窗的面积。

4.1.4 进深大的房间应避免采用单侧通风。不可避免时，应增加机械排风引导进风气流深入房间内部。

4.2 极端热湿气候区建筑节能设计基本原则

4.2.1 应注重高热湿、高盐度作用下建筑围护结构防热、防潮、防盐析设计。基地总平面设计应结合工程特点及使用要求，注重节地、节能、节水、节材、保护环境以及减少污染。

4.2.2 建筑基地应选择在无自然地质灾害等危险的安全地段，综合考虑防震、防海潮、防台风以及特殊工程地质的处理。

4.2.3 建筑应充分利用日照、海风等自然条件进行采光及通风，减少人工照明能耗，降低空调运行能耗。

4.2.4 建筑外围护结构应具有抵御室外气温和太阳辐射综合热作用的能力。

自然通风房间、空调房间围护结构内表面温度与室外累年日平均最高温度的差值应控制在合理范围内。

4.2.5 极端热湿气候区建筑应注重防腐蚀、防锈、防雨及防潮等。

4.2.6 建筑外墙涂料饰面应选用耐紫外线、耐酸碱、耐盐雾、抗裂、防腐及耐老化的优质涂料产品。

4.2.7 建筑应综合采取适宜的建筑总平面图布置与形体设计，并结合自然通风、建筑遮阳、围护结构隔热和散热、环境绿化、淋水降温等措施。

4.2.8 建筑围护结构外表面宜采用浅色饰面材料，屋面宜采用绿化、涂刷隔热涂层、遮阳棚等隔热措施。

4.2.9 建筑设计应综合考虑外廊、阳台、挑檐等的遮阳作用。建筑物的向阳面，东、西向外窗（透光幕墙）应采取有效的遮阳措施。

4.2.10 房间天窗和采光顶应设置遮阳构件，可采取通风和淋水降温等措施。

4.3 极端热湿气候区建筑负荷逐级削减方法

4.3.1 极端热湿气候区建筑节能技术主要包括建筑本体节能、建筑遮阳、自然通风等技术。

4.3.2 影响太阳能空调建筑能耗的主要建筑参数如表 4.1 所示。

影响太阳能空调建筑能耗的主要参数　　　　　　　　　　表 4.1

序号	影响因素	概述	与能耗的关系
1	体形系数	建筑物与室外大气接触的外表面积（不包括地面、非空调楼梯间和户门的面积）与其所包围建筑体积的比值	在各部分围护结构传热系数和窗墙面积比不变的条件下，建筑能耗随体形系数的增大而上升
2	窗墙面积比	窗户洞口面积与房间立面单元面积（房间层高与开间定位线围成的面积）比值	建筑能耗随窗墙面积比的增大而上升
3	建筑物的朝向	建筑的主要立面所面对的方向	东西向多层住宅建筑的建筑能耗比南北向的约增加 5.5%
4	围护结构的传热系数	围护结构两侧空气温度差为 1K，每小时通过 $1m^2$ 面积传递的热量	在建筑物轮廓尺寸和窗墙面积比不变的条件下，建筑能耗随围护结构传热系数的减小而降低

续表

序号	影响因素	概述	与能耗的关系
5	建筑物的高度	建筑高度是指屋面面层到室外地坪的高度	层数在 10 层以上时，建筑能耗指标趋于稳定，北向带封闭式通廊的板式高层住宅，建筑能耗比多层时约低 6%，高层住宅在面积相近的条件下，塔式的能耗比板式高 10%～14%
6	楼梯间	楼梯间开敞与否	多层住宅采用开敞式楼梯间时的建筑能耗，比有门窗的楼梯间增大 10%～20%
7	换气次数	单位时间内室内空气更换的次数	换气次数由 $0.8h^{-1}$ 降至 $0.5h^{-1}$，建筑能耗降低 10% 左右

4.3.3 极端热湿气候区在考虑外围护结构隔热设计的同时，还应当注意围护结构湿传递引起的热量传递及围护结构内表面的结露问题。

4.3.4 极端热湿气候区应当注重屋顶和不同朝向外墙的防辐射设计。

4.3.5 建筑围护结构可采用相变材料的蓄热蓄冷特性对建筑室内热环境进行调节，降低空调峰值负荷。

4.3.6 极端热湿气候区应注重建筑体形设计，可结合建筑外形进行光伏一体化设计。

4.3.7 极端热湿气候区建筑，可采用双层通风屋顶，同时起到自然通风与屋面遮阳的双重功效，有效降低屋面冷负荷。

5 极端热湿气候区空调负荷计算方法

5.1 极端热湿气候区空调负荷计算的一般规定

5.1.1 建筑空调区的得热量应根据下列各项计算确定:

(1) 通过围护结构传入的热量。

(2) 通过半透明围护结构进入的太阳辐射热量。

(3) 人体散热量。

(4) 照明散热量。

(5) 设备、器具、管道及其他内部热源的散热量。

(6) 食品或物料的散热量。

(7) 渗透空气带入的热量。

(8) 伴随各种散湿过程产生的潜热量。

5.1.2 建筑空调区湿负荷,应考虑散湿的种类、人员群集系数、同时使用系数以及通风系数等,并根据下列各项计算确定:

(1) 人体散湿量。

(2) 围护结构散湿量。

(3) 渗透空气带入的湿量。

(4) 化学反应过程的散湿量。

(5) 非围护结构各种潮湿表面、液面或液流的散湿量。

(6) 食品或气体物料的散湿量。

(7) 设备散湿量。

5.1.3 极端热湿气候区建筑围护结构传湿量应考虑在总湿负荷内,建筑湿负荷建议单独处理。

5.1.4 极端热湿气候区月平均潜热负荷占总冷负荷的比例均高于 50%,11月最大值可达到 75% 以上,平均值约为 60%,潜热负荷在冷负荷中占比大,供冷时长四季相当。

5.1.5 极端热湿气候区冷负荷率主要集中在 20%～40% 之间,占全年的65%,平均冷负荷率为 30%。极端热湿气候区空调季冷负荷波动小,持续时间长。

5.1.6 极端热湿气候区冷负荷主要受太阳辐射和相对湿度影响，波动小，峰值不大，但持续时间长，累积量大。

5.1.7 空调负荷计算方法可参考现行国家标准《民用建筑供暖通风与空气调节设计规范》GB 50736—2012。

5.2　极端热湿气候区负荷的影响因素

5.2.1 极端热湿气候区水平辐射得热量最大，南北朝向辐射得热量差异小。

5.2.2 极端热湿气候区室外气候因素对冷负荷的影响程度依次为：室外温度＜太阳辐射＜室外相对湿度。极端热湿气候区冷负荷主要受室外相对湿度和太阳辐射的影响。

5.2.3 极端热湿气候区水平外遮阳构件长度推荐尺寸为 1500mm，冷负荷受水平遮阳构件影响程度为：南向＞北向，西向＞东向。

5.2.4 极端热湿气候区垂直外遮阳构件长度推荐尺寸为 600mm，冷负荷受垂直遮阳构件影响程度为：北向＞南向，西向＞东向。

6 太阳能空调系统形式

6.1 太阳能空调系统的一般规定

6.1.1 太阳能空调系统应做到全年综合利用。

6.1.2 太阳能空调系统形式主要有太阳能吸收式、太阳能吸附式和光伏空调等，吸收式和吸附式系统形式复杂、成本高、维修维护不便、难以小型化应用，而系统简单、安装方便的光伏空调是极端热湿气候区适宜的空调系统形式。

6.1.3 光伏空调的光伏面积应根据设计光伏空调负荷率、建筑允许的安装条件和空调使用面积、周围遮挡情况、当地气象条件等因素综合确定。

6.1.4 光伏空调系统应配置储能系统或辅助电源，以备使用。

6.1.5 光伏空调系统应配置设备运行监控系统，用以实时监测系统的运行状态。

6.2 太阳能空调系统的其他要求

6.2.1 光伏组件的安装要求

光伏最佳倾角宜与当地纬度一致，安装在屋面、阳台或墙面的太阳能光伏与建筑主体结构通过预埋件连接，预埋件应在主体结构施工时埋入。当没有条件采用预埋件连接时，应采用其他可靠的连接措施。

光伏支架、支撑金属件及其连接节点，应具有承受系统自重荷载和风荷载的能力。

光伏支架、支撑金属件应具有防风、防水、防盐、防腐蚀的能力。

6.2.2 空调系统的安装要求

以光伏多联机空调系统为例说明，其他空调形式均按照各自安装要求执行。为保持多联机室外机组通风流畅，要保证机组的顶部开放，无挡风类障碍物。室外机组安装要求如图 6.1 所示。

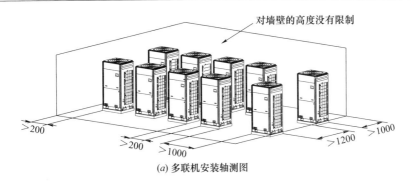

(a) 多联机安装轴测图

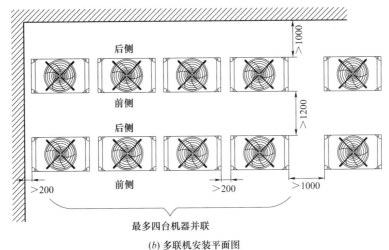

(b) 多联机安装平面图

图 6.1 室外机组安装要求

6.2.3 太阳能空调系统分项工程验收

太阳能空调系统应根据工程施工特点分期进行，分部、分项工程可按表 6.1 划分。

太阳能空调系统分部工程与分项工程划分 表 6.1

序号	分部工程	分项工程
1	太阳能光伏系统	光伏板安装、光伏板朝向、光伏板支架的防风、防腐等
2	制冷系统	机组安装、管道及配件安装、辅助设备、防水、防腐等
3	蓄能系统	蓄电池的安装、储存位置、防潮、防高温、辅助设备安装等
4	空调末端系统	新风机组、组合式空调机组、风机盘管系统与末端管线系统的施工安装等
5	控制系统	传感器及安全附件安装、计量仪表安装、电缆线路施工安装

7 自持化光伏空调建筑光伏系统设计

对于自持化光伏空调建筑，空调系统脱离常规能源运行，能量来源全部来自于光伏发电。因此，如何使建筑空调系统用能与光伏供能达到能量平衡，对于满足光伏空调系统自持化要求至关重要。通过对孤立区域建筑空调系统用能与光伏系统供能进行动态平衡理论分析，在建筑能量平衡的基础上，采用适宜于空调系统自持化运行的光伏系统设计计算方法。

7.1 技 术 要 点

7.1.1 光伏系统工程应按现场查勘和相关标准、技术资料进行专项设计。

7.1.2 自持化建筑光伏系统工程应结合建筑用电需求和周围安装条件，综合考虑施工、安装和运行维护等要求。

7.1.3 自持化建筑光伏系统应优先考虑结合建筑自身收集面安装，使光伏板起到遮阳作用。

7.1.4 自持化建筑光伏系统应优先满足建筑空调系统用能需求，在此基础上若有盈余可用于公共照明等设备。

7.1.5 在光伏产能和空调耗能总能平衡的基础上，多余电量宜用储能电池进行储存，以备夜间或阴雨天使用。

7.1.6 自持化建筑光伏发电量与空调系统用电量应以月为单位进行能量平衡计算，并进行太阳能保证率的计算，保证建筑空调系统等用电需求。

7.1.7 光伏组件的安装应结合建筑进行专项设计，同时综合考虑屋面倾角和周围建筑遮挡对光伏安装面积、光伏组件效率及使用寿命的影响。

7.2 光伏空调建筑自持化设计原则

7.2.1 用于光伏发电站的储能电池宜根据储能效率、循环寿命、能量密度、功率密度、响应时间、环境适应能力、充放电效率、自放电率、深放电能力等技术条件进行选择。

7.2.2 光伏发电储能系统应采用在线检测装置进行智能化实时检测，应具有在线识别电池组落后单体、判断储能电池整体性能、充放电管理等功能，宜具有人机界面和通信接口。

7.2.3　光伏发电站储能系统宜选用大容量单体储能电池，减少并联数，并宜采用储能电池组分组控制充放电。

7.2.4　充电控制器应依据形式、额定电压、额定电流、输入功率、温升、防护等级、输入输出回路数、充放电电压、保护功能等技术条件进行选择。

7.2.5　充电控制器应按环境温度、相对湿度等使用环境条件进行校验。

7.2.6　充电控制器应具有短路保护、过负荷保护、蓄电池过充（放）保护、欠（过）压保护及防雷保护功能，必要时应具备温度补偿、数据采集和通信功能。

7.2.7　充电控制器宜选用控制流程简单可靠、低维修成本及节能型产品。

7.2.8　光伏发电系统中，同一个逆变器接入的光伏组件串的电压、方阵朝向、安装倾角宜一致。

7.2.9　光伏发电系统直流侧的设计电压应高于光伏组件串在当地昼间极端气温下的最大开路电压，系统中所采用的设备和材料的最高允许电压应不低于该设计电压。

7.2.10　光伏发电系统中逆变器的配置容量应与光伏方阵的安装容量相匹配，逆变器允许的最大直流输入功率应不小于其对应的光伏方阵的实际最大直流输出功率。

7.2.11　光伏组件串的最大功率工作电压变化范围须在逆变器的最大功率跟踪电压范围内。

7.2.12　光伏方阵安装选址在防风的基础上，应便于光伏组件表面的清洗，当站址所在地的大气环境较差、组件表面污染较严重且又无自洁能力时，应设置清洗系统或配置清洗设备。

7.2.13　光伏支架应结合工程实际选用材料、设计结构方案和构造措施，保证支架结构在运输、安装和使用过程中满足强度、稳定性和刚度要求，并符合抗震、抗风和防腐等要求。

7.2.14　光伏支架材料宜采用钢材，材质的选用和支架设计应符合现行国家标准《钢结构设计规范》GB 50017—2017 的规定。

7.2.15　支架应按承载能力极限状态计算结构和构件的强度、稳定性以及连接强度，按正常使用极限状态计算结构和构件的变形。

7.2.16　按承载能力极限状态设计结构构件时，应采用荷载效应的基本组合或偶然组合。

7.3 提升建筑自持化效果的方法

7.3.1 降低光伏空调建筑能耗，实现光伏空调建筑在孤立区域的自持化，可从冷源、建筑负荷、末端及输配系统、光伏安装方式、光伏组件性能五个方面进行优化。

7.3.2 降低建筑冷负荷可从降低围护结构冷负荷、减少室内热源形成的冷负荷、合理的通风措施等方面进行综合考虑。

7.3.3 降低空调输配系统和末端能耗是提高建筑自持化效果的有效措施。

7.3.4 合理布置屋面光伏阵列可提高光伏发电量，从而增加光伏空调建筑的自持化效果。对于平屋面，在保证通行及检修空间的条件下，应使光伏面积最大化，并结合当地气象条件，应采用最佳方阵倾角进行布置。

7.3.5 对于平屋面建筑，应尽量采用光伏方阵平铺安装和平行架空安装，其中平行架空安装可在保证屋面足够活动空间的条件下满足光伏安装面积。坡屋面建筑建议采用平行架空安装，采用合理的屋面通风措施，保证光伏方阵能够及时散热，提高组件效率。坡屋面可镶嵌安装以增强防风可靠性。

8 太阳能空调冷源设计

太阳能空调系统可分为光电制冷和光热制冷两类，光电制冷方式可选用海水源热泵和空气源热泵，光热制冷方式可选用太阳能吸收式空调和太阳能吸附式空调。

8.1 海水源热泵

8.1.1 极端热湿气候区岛屿、环海地域多，拥有丰富的海水资源，适宜应用海水源热泵系统实现建筑制冷，系统形式宜采用开式间接式海水源热泵系统。海水源热泵系统形式对比见表 8.1。

海水源热泵系统形式及特点对比 表 8.1

闭式系统	开式系统	
	直接式	间接式
机组不易结垢、成本低；换热效率较低	换热效率较高、对取水点附近海水影响较小；对换热设备腐蚀大，维护费用较高	换热效率较高、对取水点附近海水影响较小；避免了海水与热泵机组的接触，只需对直接接触的换热器进行清洗或更换

开式海水源热泵系统原理图如图 8.1 所示。

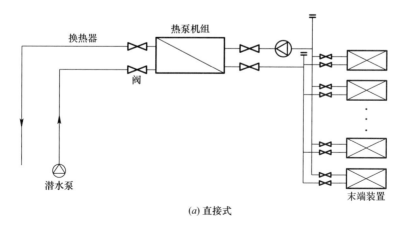

(a) 直接式

图 8.1 开式海水源热泵系统（一）

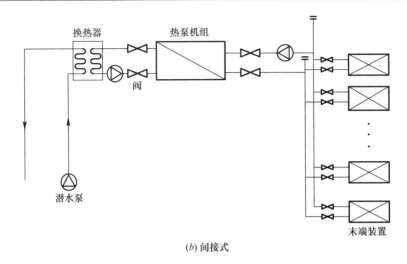

(b) 间接式

图 8.1 开式海水源热泵系统（二）

8.1.2 对于制冷运行工况，所有海域的海水均可作为热汇。建筑应临海，且海水源热泵取水口应避开泥砂可能淤积的地方，宜设在岩石海岸、海湾或防波堤内。设计海水取水构筑物时应考虑潮汐和海浪的影响。

8.2 空气源热泵

8.2.1 空气源热泵系统形式主要有风冷热泵型空调机组、风冷热泵冷（热）水机组、VRV 变频中央空调机三种。

8.2.2 空气热容量小，为了向空气中释放足够的热量而需要较大体积的换热器，导致风机风量大，噪声大，因此适用于噪声要求不大的场所。

8.3 太阳能吸收式空调

8.3.1 太阳能吸收式空调由蒸发器、吸收器、发生器（包括太阳能集热部件）、冷凝器四部分组成。以太阳能集热驱动的吸收式热泵工作原理如图 8.2 所示。

8.3.2 太阳能吸收式热泵系统适用于大型建筑。但受集热器面积与空调建筑面积的配比限制，自持化太阳能吸收式热泵适用于层数不多的建筑。在不考虑大规模蓄能的条件下，系统应配置辅助能源装置，可选择废热、柴油等。

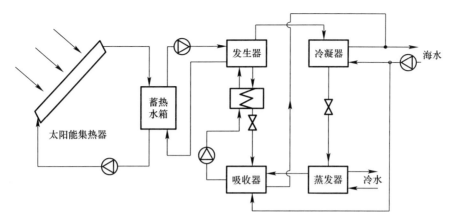

图 8.2　太阳能吸收式空调系统

8.4　太阳能吸附式空调

8.4.1　太阳能吸附式空调系统运行包括吸附和脱附两个过程，如图 8.3 所示。

8.4.2　太阳能吸附式空调系统吸附、解附所需时间长、循环周期长，适用于无连续使用、间歇供冷需求的场所。

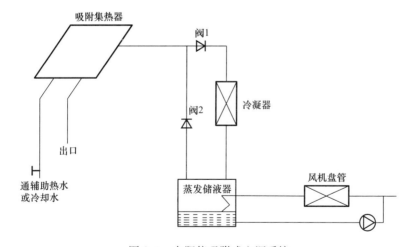

图 8.3　太阳能吸附式空调系统

按照太阳能热力制冷机组和制冷热源工作温度的高低，太阳能热力制冷系统可以分为三类（见表 8.2）。

太阳能热力制冷系统分类 表 8.2

序号	制冷热源温度（℃）	制冷机 COP	制冷机型	适配集热器类型
1	130～160	1.0～1.2	蒸气双效吸收式	聚光型、真空管型
2	85～95	0.6～0.7	热水型吸收式	真空管型、平板型
3	65～85	0.4～0.6	吸附式	真空管型、平板型

9 太阳能空调除湿系统设计与计算

9.1 太阳能空调除湿系统的一般规定

9.1.1 极端热湿气候区常年高温、高湿，建筑热湿环境的营造全年依赖降温、除湿系统。

9.1.2 极端热湿气候区空气湿度大，含湿量较高，新风湿负荷大，空调系统用于新风除湿的能耗较大，选择合理的除湿方式及空调系统形式是应用太阳能空调技术的前提。

9.1.3 各种除湿技术分类与对比见表 9.1。

不同除湿方式的对比 表 9.1

新风除湿方式	空气品质	能源消耗	设备特点
冷凝除湿	产生冷凝水，滋生细菌，可能会降低新风的品质	需要使用冷水机组制备低温度的冷水，有时还需要对新风进行再热，能源消耗较大	使用普通新风机组可实现，设备尺寸小
转轮除湿	新风与回风通过转轮发生热交换时，降低了新风品质	需要为驱动转轮的电机运行提供电量以及再生的所需的高温热量	需要驱动转轮，设备尺寸较小
溶液除湿	溶液喷洒可以去除空气中尘埃、细菌等有害物质，有利于提高空气品质	溶液再生可以使用低品位热源，能耗消耗较少	集合构造简单，无大型驱动部件，可实现小型化设计

9.2 太阳能溶液除湿空调系统设计

9.2.1 太阳能溶液除湿空调系统设计：

（1）太阳能溶液除湿空调系统由太阳能集热子系统、光伏发电子系统、溶液除湿子系统、制冷及溶液冷却子系统组成。

（2）溶液再生所需热源由太阳能集热子系统提供。高温冷水机组、风机及循环水泵所需电量，由太阳能光伏发电子系统提供（见图 9.1）。

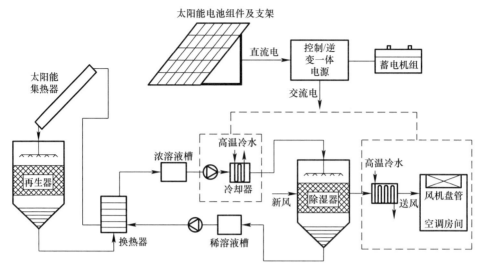

图 9.1　太阳能驱动溶液除湿空调系统图

9.2.2　与常规冷却除湿空调系统相比，溶液除湿空调系统可节能约 60%，有效缓解常规能源短缺问题。

9.2.3　在建筑总负荷一定的条件下，新风负荷占总负荷比例越大，太阳能驱动溶液除湿空调系统能耗越低。

9.2.4　湿负荷比例越大，所需除湿机组和集热器面积越大，室内末端和独立光伏系统规模越小，总体节能效果越明显。

9.2.5　太阳能溶液除湿空调系统应进行集热器与光伏参数匹配，实现温湿度的最佳独立控制。集热器与光伏面积设计应遵循以下原则：

（1）集热器与光伏板面积比为 1∶1～1∶5 时，可将室内空气处理到舒适范围内。当铺设总面积减少时，光伏板面积所占比例要相应增加，以保证室内热舒适要求。

（2）在建筑冷指标及热湿负荷比例一定时，随着铺设面积的减少，可供选择的集热器与光伏板面积比范围逐渐降低，同一面积配比情况下所能达到的室内温度升高；当建筑冷指标一定时，随着湿负荷所占比例的增加，集热器与光伏板的面积比例增大，在同一配比情况下所达到的室内设计温度越低，相对湿度越高；建筑热湿负荷比一定时，随着冷指标的增加，所需总铺设面积成比例增加，集热器和光伏板面积比例基本保持不变。

（3）提高室内空气设计含湿量可显著减少系统所需集热器面积和光伏板面积；室内设计含湿量不变时，温度变化对铺设总面积影响较小。当铺设面积有限时，增大室内设计含湿量，可有效减少铺设面积。

10 光伏空调蓄能系统设计

10.1 蓄能方式选择

10.1.1 针对极端热湿气候区光伏空调系统，为解决光伏发电不稳定、光伏供电和建筑冷负荷不匹配、光照不足条件下光伏供电不足等问题，应设置蓄能装置，以进行能量调配。

10.1.2 光伏空调用蓄能方式应综合考虑技术可行性、运行可靠性，及其对光伏系统和空调系统产生的影响，同时还应综合评估整体系统在短期、长期运行下能效性、经济性、可靠性等问题。

10.1.3 光伏空调用蓄能方式主要包括蓄电和蓄冷两种：

（1）在通常情况下，宜优先考虑技术成熟、灵活可靠的蓄电技术，如蓄电池。

（2）在工程技术条件允许且整体系统经济性合理的情况下，可考虑采用相对价格低廉的蓄冷技术替代相对价格高昂的蓄电技术，或两者组合使用。

10.1.4 对于光伏空调，蓄电技术可采用免维修铅酸蓄电池、锂电池等；若系统运行可靠性要求高、高频率波动供需不匹配，可考虑在蓄电池的基础上组合使用电容器等高功率蓄电技术，以缓解高波动供需不匹配问题，并延长蓄电池寿命。

10.1.5 对于光伏空调，蓄冷技术可采用水蓄冷、冰蓄冷或其他相变材料蓄冷：

（1）在空间场地允许的情况下，可优先考虑能兼容常规空调系统、相对效率高的水蓄冷系统方式。一般情况下，宜优先考虑水温自然分层水蓄冷技术；经济性允许的情况下，可考虑单槽隔膜式水蓄冷技术；空间场地充足且经济性允许的情况下，可考虑冷温水分立双槽式或多槽式水蓄冷技术。

（2）在空间使用场地有限的情况下，可考虑冰蓄冷技术或其他相变材料蓄冷技术。一般情况下，宜优先考虑工程技术相对成熟的冰蓄冷技术；工程技术允许和经济性合理的情况下，可考虑其他相变材料蓄冷技术。

10.2 蓄能系统形式选择

10.2.1 光伏空调系统的蓄能系统形式包括单一蓄能系统形式和组合式蓄能

系统形式。对于单一蓄能系统形式，可采用单一蓄电系统形式或单一蓄冷系统形式；对于组合式蓄能系统形式，可采用蓄电组合系统形式或蓄电蓄冷组合系统形式。

10.2.2 宜优先采用技术成熟、运行可靠的单一蓄电系统形式（见图 10.1），如蓄电池。

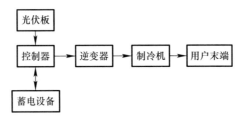

图 10.1 单一蓄电系统形式

10.2.3 在工程技术条件允许和经济性合理的情况下，可采用单一蓄冷系统形式替代单一蓄电系统形式，如图 10.2 所示。

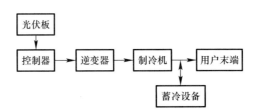

图 10.2 单一蓄冷系统形式

10.2.4 为保证系统长期可靠运行，对于高频率波动供需不匹配问题，可将高能量密度的蓄电方法（蓄电池等）和高能量功率的蓄电方法（电容器等）相结合，构成蓄电组合系统形式（见图 10.3），以改善传统设计中仅采用高能量密度蓄电方法协调高波动供需不匹配所带来的蓄电设备容量设计过大、寿命短等问题。

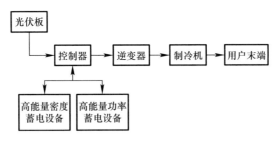

图 10.3 蓄电组合系统形式

10.2.5 在工程技术条件允许和经济性合理的情况下，可采用蓄电蓄冷组合系统形式（见图 10.4），以整合蓄电方式和蓄冷方式的优点，达到经济性最优目的。

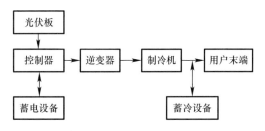

图 10.4 蓄电蓄冷组合系统形式

10.3 蓄能设备容量设计方法

10.3.1 蓄能设备容量可基于需求备用时间进行简化设计，具体设计步骤可参考图 10.5。

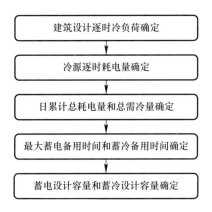

图 10.5 蓄能容量设计方法流程

（1）建筑设计逐时冷负荷确定：参考常规空调冷负荷设计方法，计算得出建筑设计逐时冷负荷（可通过空调负荷计算软件获得）。

（2）冷源逐时耗电量确定：根据前述建筑设计逐时冷负荷，得出冷源系统的逐时冷负荷，并根据相应冷源设备机型 COP，以计算冷源逐时耗电量。

（3）日累计总耗电量（Q_1）和总需冷量（Q_2）确定：根据冷源逐时耗电量和建筑设计逐时冷负荷，计算冷源日累计总耗电量和建筑设计日累计总需冷量。

（4）最大蓄电备用时间（n_1）和蓄冷备用时间（n_2）确定：n_1+n_2 为总需求备用时间，可以根据当地最长连续阴雨天数确定，也可根据用户实际使用要求确定。由于冷量保持时间比电量保持时间要短，建议考虑备用时间主要分配给 n_1。单一蓄电时，n_2 为 0，单一蓄冷时，n_1 为 0。

（5）蓄电设计容量（C_b）和蓄冷设计容量（C_{cs}）确定：根据以下公式计算。

$$C_b = \frac{n_1 F Q_1}{DOD \eta_c} \tag{10.1}$$

$$C_{cs} = \frac{n_2 k Q_2}{\eta_{cs}} \tag{10.2}$$

式中　F——蓄电池放电效率修正系数，通常取 1.05；

　　DOD——蓄电池的允许最大放电深度，通常取 0.5～0.8；

　　η_c——逆变器等电力回路的损耗率，通常取 0.7～0.8；

　　η_{cs}——蓄冷效率；

　　k——设计安全系数。

10.3.2　针对非独立光伏空调系统，在气象条件相似，且光伏容量设计仅满足日总供需平衡时，蓄能设备容量可基于高频典型日气象条件进行短期日平衡设计，具体设计步骤如图 10.6 所示。

（1）建筑设计逐时冷负荷确定：可参考常规空调冷负荷设计方法，计算得出建筑设计逐时冷负荷。

（2）冷源逐时耗电量确定：根据前述建筑设计逐时冷负荷，得出冷源系统的逐时冷负荷，并根据相应冷源设备机型 COP 以计算冷源逐时耗电量。

（3）冷源日累计总耗电量（Q）确定：根据冷源逐时耗电量计算冷源日累计总耗电量。

（4）光伏阵列典型日设计容量（C_{PV}）确定：根据以下公式计算。

$$C_{PV} = \frac{k_1 Q}{T \eta_e} \tag{10.3}$$

式中　Q——日累计总耗电量，kWh；

　　k_1——设计安全系数；

　　T——光伏空调工作典型日的峰值日照时数，h；

　　η_e——光伏系统电力输送线路损耗率。

（5）光伏典型日逐时发电量（P_{PV}）确定：根据以下公式计算。

$$P_{PV} = \frac{C_{PV} R}{1000} \tag{10.4}$$

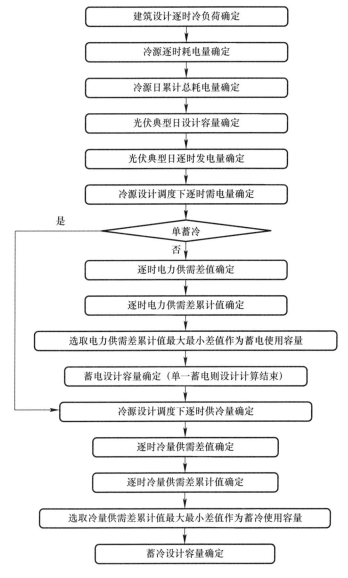

图 10.6 蓄冷容量设计计算流程

式中 R——典型日逐时太阳能辐照量，W/m^2；

1000——光伏组件测试标准辐照量，W/m^2。

（6）冷源设计调度下逐时需电量（$P_{chiller}$）确定：根据实际运行需求，在考虑线路损耗及总量平衡下，设计冷源设备逐时运行调度需电量。如为单一蓄电形式，需电量对应的供冷量应与冷负荷逐时相等；如为单一蓄冷形式，需电量应与发电量逐时相等，并直接跳转至步骤（11）。

（7）逐时电力供需差值（ΔP）确定：根据以下公式计算。

$$\Delta P = P_{\text{PV}} \eta_1 \frac{P_{\text{chiller}}}{\eta_2} \tag{10.5}$$

式中　η_1——光伏阵列到蓄电池控制器的线路电力损失率；

　　　η_2——蓄电池控制器到制冷设备的线路电力损失率。

（8）逐时电力供需差累计值确定：根据逐时电力供需差值计算逐时电力供需差累计值。

（9）选取电力供需差累计值最大最小差值作为蓄电使用容量（$Q_{\text{max-min}}$）。

（10）蓄电设计容量（C_b）确定：根据以下公式计算。

$$C_\text{b} = \frac{k_2 Q_{\text{max-min}}}{DOD} \tag{10.6}$$

式中　k_2——设计安全系数。

如为单一蓄电形式，则设计计算结束。

（11）冷源设计调度下逐时供冷量确定：根据冷源设计调度下逐时需电量和相应类型冷源 COP 计算冷源逐时供冷量。

（12）逐时冷量供需差值确定：根据冷源逐时供冷量和建筑设计逐时冷负荷计算逐时冷量供需差值。

（13）逐时冷量供需差累计值确定：根据逐时冷量供需差值计算相应逐时冷量供需差累计值。

（14）选取冷量供需差累计值最大最小差值作为蓄冷使用容量（$CL_{\text{max-min}}$）。

（15）蓄冷设计容量（C_{cs}）确定：根据以下公式计算。

$$C_{\text{cs}} = k_3 CL_{\text{max-min}} \tag{10.7}$$

式中　k_3——设计安全系数。

10.3.3　针对上述蓄能容量设计方法，可采用动态计算软件对设计容量进行系统长期运行性能校验和评估，并结合自身需求进行个性化调整。

10.3.4　在对系统容量设计有较高精确性要求的情况下，可考虑采用计算机辅助手段通过建立系统仿真模型和利用数学优化方法进行设计。具体设计计算方法构建结构（见图 10.7）的主要步骤包括：

（1）系统仿真模型建立；

（2）系统优化模型建立；

（3）选择优化求解方法；

（4）模型求解并获取设计容量及运行调度方案。

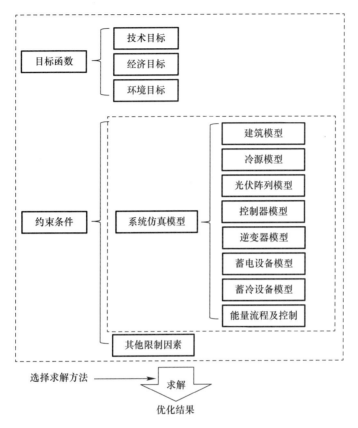

图 10.7 系统容量设计流程

11 空调末端

11.1 末端分类

极端热湿气候区适宜的空气热湿处理方式对减少空调能耗至关重要,太阳能空调末端形式应结合制冷机组的冷水设定温度进行选择。

11.1.1 常规制冷机组一般可提供冷水的设计温度为7℃/12℃,此时,空调末端宜采用风机盘管或组合式空调机组。而高温制冷机组的空调供水温度通常高于16℃,此时空调末端处于非标准工况,因此需要对末端产品的制冷量进行温度修正。相应地,空调末端可采用干式风机盘管或辐射供冷末端。设计时应按照现行国家标准《民用建筑供暖通风与空气调节设计规范》GB 50736 的相关规定执行。

11.1.2 空调系统及末端形式分类如表 11.1 所示。

空调系统及末端形式分类　　　　　　　　　　　　　　表 11.1

分类	空调系统	系统特征	系统应用
按空气处理设备的设置情况分类	集中式系统	空气处理设备集中在机房内,空气经处理后,由风管送入各个房间	单风管系统 双风管系统 变风量系统
	半集中式系统	除了有集中的空气处理设备外,在各个空调房间内还分别有处理空气的"末端装置"	风机盘管+新风系统 多联机+新风系统 诱导器系统 冷辐射板+新风系统
	全分散式系统	每个房间的空气处理分别由各自的整体式(或分体式)空调器承担	单元式空调器系统 房间空调器系统 多联机系统
按负担室内空调负荷所用的介质来分类	全空气系统	全部由处理过的空气负担室内空调负荷	一次回风式系统; 一、二次回风式系统
	空气-水系统	由处理过的空气和水共同负担室内空调负荷	新风系统和风机盘管系统并用,带盘管诱导器
	全水系统	全部由水负担室内空调负荷	风机盘管系统(无新风)
	制冷剂系统	制冷系统的蒸发器直接放室内,吸收余热余湿	单元式空调器系统 房间空调器系统 多联机系统

分类	空调系统	系统特征	系统应用
按集中系统处理的空气来源分类	封闭式系统	全部为再循环空气，无新风	再循环空气系统
	直流式系统	全部用新风，不使用回风	全新风系统
	混合式系统	部分新风，部分回风	一次回风式系统； 一、二次回风系统

11.1.3 极端热湿气候区可选用的空调末端形式：

（1）全空气＋一次回风；

（2）冷辐射＋置换通风；

（3）干式风机盘管＋新风；

（4）湿式风机盘管＋新风。

11.1.4 极端热湿气候区常年高温高湿，为了保证室内热湿环境设计要求宜选用热湿独立控制的空气处理方案。

11.2 各功能空间末端空调形式

11.2.1 对于办公大楼、会议厅等人员密集场所，宜采用全空气定风量空调系统；对于人员密度小、空调需求多变等场所，可使用机组变风量控制。

11.2.2 对于客房、电梯厅、附属用房等小空间区域，宜采用风机盘管加新风系统。

11.2.3 各空调区适宜的空调系统及末端形式如表 11.2 所示。

各空调区适宜的末端空调形式 表 11.2

空调区	空调形式
办公/客房	全空气变风量空调系统或风机盘管＋新风系统
高大空间及公共区域	定风量全空气空调系统
餐厅	大厅采用定风量全空气空调系统；包间采用风机盘管＋新风系统
后勤附属用房	风机盘管＋新风系统

11.3 空气处理与分布

11.3.1 通风系统的设置应满足空间内的排热、排湿、排污染物的需求。通风系统的设置需对防排烟系统、应急通风系统进行综合考虑。

11.3.2 各区域、机房的通风系统应各自独立。

11.3.3 机房、卫生间、厨房等宜设置直流式机械通风系统。

11.3.4 新风系统可采用铝合金的显热回收新风换气机。

11.3.5 室内机选择要密切配合装饰工程，并满足室内合理的气流组织，避免强烈的吹风感，并要注意选择低噪声的风机盘管。当选用带风管的风机盘管时，应注意室内净空的要求并满足室内良好的气流组织，风管内风速宜为 $2\sim4\mathrm{m/s}$，风管宜采用覆面为铝箔玻纤复合风管。

11.3.6 空调系统的新风和回风应经过滤处理。

11.3.7 室内空气分布宜采用上送上回方式，当采用侧送时，回风口宜布置在送风的同一侧下方。人应处在气流的回流中，室内气流布置应均匀，避免死角。

11.3.8 空调的夏季送风温差不宜大于 $10\,\mathrm{℃}$。

11.3.9 房间空调空气循环次数不宜小于 $5\mathrm{h}^{-1}$。

11.3.10 送风口风速应根据送风射程、送风方式、风口类型、安装高度、室内允许噪声和风速标准等因素确定。送风口风速控制在 $0.8\sim1.6\mathrm{m/s}$ 之间。大于 4m 的高大厅室，顶送风口风速需验算射流状况。

11.3.11 回风口不应设在射流区或人员长期逗留地点，可采用集中回风或走道回风，但断面风速不应大于 $0.5\mathrm{m/s}$。

11.4 设备、管道与布置

11.4.1 一般规定

设备及管道材料的选择与布置应符合国家现行规范、标准、条例和当地的具体规定。

11.4.2 设备材料选择

（1）优先选用环保、节能空调产品。

（2）风管必须采用不燃材料制作。当采用复合材料风管时，其覆面材料应为难燃 B1 级，且对人体无害的材料。

（3）矩形风管的宽高比不宜大于 4∶1。

（4）冷凝水管宜采用 U-PVC 塑料管。室内水管及凝水管必须保证不漏、不渗、不结露滴水。并且做好保温措施，保温材料宜用橡塑泡沫塑料（难燃 B1 级），管道穿墙穿楼板必须按施工验收规范进行施工。

11.4.3　设备管道布置

（1）空调外机必须放置在通风良好、安全可靠的地方，严禁采用钢支架和膨胀螺栓挂装在墙上。

（2）对靠近道路的建筑物安装的空调外机，其托板底面距地高度不得低于2.5m。

（3）室外机的出风口严禁朝向邻方的门窗，其安装位置距相邻方卧室门窗不得小于下列水平距离：

1）外机装机容量≤2kW的，为3m；

2）外机装机容量≤5kW的，为4m；

3）外机装机容量≤10kW的，为5m；

4）外机装机容量≤30kW的，为6m。

（4）外墙面上的空调冷凝水管应有组织排放。冷凝水水平管应有＞0.5％的顺坡。

（5）空调冷凝水管应采用间接排水方式。当凝水盘处于机组负压区时，凝水口接管处必须设置存水弯。

11.5　防腐与保温

11.5.1　防腐要求

管道须具备较高防腐条件，所有非镀锌铁件，均须除锈后刷防锈漆二度，非保温件外表面刷调和色漆二度。管道支吊架处必须采用浸渍沥青防腐木垫。

11.5.2　保温要求

（1）空调送风管、回风管、冷热水供回水管、制冷剂管道、凝水管、膨胀水箱、储热（冷）水箱、热交换器、电加热器等有冷热损失或有结露可能的设备，材料和部件均需做绝热保温。

（2）非闭孔性保温材料外表面应设隔气层和保护层。

（3）保温管道的支架穿墙或楼板时应防止"冷桥"。

（4）设备和管道的保温应以现行国家标准《设备及管道绝热设计导则》GB/T 8175的防结露计算方法确定保温层厚度。保温材料应采用不燃或难燃材料。

（5）穿越防火墙，变形缝两侧各2m范围内的风管和风管型电加热器前后0.8m范围内的风管保温材料必须采用不燃材料。

（6）制冷剂管道的保温应按厂家的施工技术要求进行。

11.6 末端使用条件

11.6.1 全空气＋一次回风系统

全空气＋一次回风系统属于集中式空调系统，其特点及适用性如表 11.3 所示。

全空气一次回风系统特点及适用性 表 11.3

特征	回风与新风在热湿处理设备前混合
适用性	送风温差较大； 室内散湿量较大时
优点	设备简单，节省初投资； 可严格控制室内温度和相对湿度； 可充分进行通风换气，室内卫生条件好； 空气处理设备集中设备在机房中，维修管理方便； 可以实现全年多工况节能运行调节，经济性好； 使用寿命长； 可有效采取消声和隔振措施
缺点	机房面积大，风道断面大，占用建筑空间多； 风管系统复杂，布置困难； 空调房间之间有风管连通，使各房间互相污染； 设备与风管的安装工作量大，周期长

11.6.2 冷辐射吊顶＋置换通风系统

冷辐射吊顶空调系统主要靠冷辐射面提供冷量，以除去房间的显热负荷，降低室内温度。房间的通风换气和除湿任务由置换通风系统来承担，该系统特点如表 11.4 所示。

冷辐射吊顶＋置换通风系统特点 表 11.4

适用性	室内舒适度要求较高的场所； 层高较低的建筑
优点	冷却吊顶的传热中辐射部分所占比例较高，可降低室内垂直温度梯度，提高人体舒适感； 冷却吊顶的供水温度较高，一般在 16℃ 左右，采用合理的冷却吊顶水系统形式，可相应地提高制冷机组的蒸发温度，改善制冷机的性能系数，进而降低能耗； 冷却顶板采用较高的供水温度，冷却塔自然供冷运行时间长，节能效益更为显著； 冷却吊顶系统冷水温度较高，可以采用多种形式的冷源，有条件直接利用自然冷源，如地下水等； 冷却吊顶设备体积较小，占用建筑空间小

缺点	冷却吊顶表面温度应高于室内空气露点温度； 冷却吊顶供冷系统供水温度较高，单位面积制冷量受限； 在湿度较大的地区应用冷却吊顶系统时，所需新风机组冷却盘管结构尺寸较大

11.6.3　风机盘管＋新风系统

　　风机盘管＋新风系统属于半集中式空调系统。风机盘管直接设置在空调房间内，对室内空气进行处理。新风通常是由新风机组集中处理后通过新风管道送入室内，系统的冷量由空气和水共同承担，属于空气-水系统。该系统特点如表 11.5 所示。

风机盘管＋新风系统特点　　　　　　　　　　**表 11.5**

特征	干式风机盘管：风机盘管不承担湿负荷； 湿式风机盘管：风机盘管承担部分湿负荷
适用性	适用于旅馆、公寓、医院、办公室等类型建筑； 适用于房间面积小，数量多的建筑； 室温需要个性化调节的场所
优点	布置灵活，既可和集中处理的新风系统联合使用，又可单独使用； 各空调房间互不干扰，可以独立调节室温并随时根据需要开、停机组，节省运行费用，节能效果好； 与集中式空调相比，不需要回风管道，节省空间； 机组部件多为装配式，定型化、规格化程度高，便于用户选择和安装； 只需要新风空调机房，机房面积小； 使用季节较长； 各房间之间不会互相污染
缺点	对机组制作质量要求高，维修工作量大； 机组剩余压头小，室内气流分布受限； 分散布置，敷设各种管线麻烦，维修管理不便； 无法实现全年多工况节能运行； 水系统复杂，易漏水，过滤性能差

12　极端热湿气候区通风空调降温策略

《民用建筑供暖通风与空气调节设计规范》GB 50736—2012 规定：应首先考虑采用自然通风消除建筑物余热、余湿和进行室内污染物浓度控制。本章给出适用于极端热湿气候区居住建筑自然通风与空调最佳运行模式，实现自然通风与空调之间的合理切换，以减少极端热湿气候区居住建筑空调运行能耗。

12.1　自然通风降温原则

12.1.1　当建筑内部存在余热、余湿及有害物时，宜优先采用通风措施加以消除，应从总体规划、建筑设计和工艺等方面采取有效的综合预防和治理措施。

12.1.2　自然通风应采用阻力系数小、噪声低、易于操作和维修方便的排风口或窗扇。

12.1.3　夏季自然通风进风口，其下缘距室内地面的高度不宜大于 1.2m，且应远离污染源 3m 以上。

12.1.4　结合建筑设计，合理利用被动式通风降温技术强化自然通风效果，被动通风可采用下列方式：

（1）当常规自然通风系统风量足够时，可采用捕风装置加强自然通风。

（2）当采用常规自然通风难以排除室内余热、余湿或污染物时，可采用屋顶无动力风帽装置，无动力风帽的接口直径宜与其连接的风管管径相同。

（3）当建筑物可利用风压有限或热压不足时，可采用太阳能诱导等通风方式。

12.1.5　自然通风设计时，宜对建筑进行自然通风降温潜力分析，依据气候条件确定自然通风策略并优化建筑设计。在进行自然通风潜力分析时，应优先采用气候适应性评估法。然后，根据通风的降温效果选定适宜的自然通风策略。

12.2　极端热湿气候区通风空调节能运行控制原理

12.2.1　自然通风、空调节能运行策略应以室外气温为变量进行切换。当室外气温较低、具有通风降温潜力时，应优先采用自然通风消除室内余热。当室外温度较高，且自然通风降温无法满足室内热环境降温需求时，应采用空气调节方式对室内热环境进行调节。

12.2.2 自然通风、空调节能运行模式可分为三个阶段：空调阶段（预冷阶段和稳定阶段）、过渡阶段及自然通风阶段。空调阶段结束后，宜优先利用过渡期内围护结构释冷量，以最大化节约能源。

12.2.3 以室外温度为控制变量，通风空调节能运行控制流程及控制流程中自然通风与空调相互切换时的温度判别条件如图12.1所示。

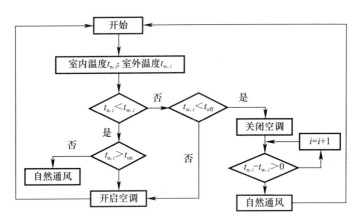

图 12.1 通风空调节能运行控制流程

注：$t_{w,i}$为第i时刻室外温度；$t_{n,i}$为第i时刻室内温度；t_{on}为空调开机温度，即当室外温度达到某一设定值时，空调开启；t_{off}为空调关机温度，即当室外温度达到某一设定值时，空调关闭。

12.2.4 在满足人体热舒适的前提下，自然通风与空调耦合运行应通过空调开机温度t_{on}、关机温度t_{off}以及自然通风延迟时间$\Delta\tau$综合确定，基于上述控制流程建立居住建筑自然通风与空调耦合运行控制策略，其中主要切换条件如表12.1所示。

居住建筑自然通风与空调耦合运行调控策略 表 12.1

$\Delta t_w \geqslant 0$	$\Delta t_w < 0$
$t_{w,i} < t_{on}$ 自然通风 $t_{w,i} \geqslant t_{on}$ 空调期	$t_{w,i} > t_{off}$ 空调期 $t_{n,i} \leqslant t_{w,i} \leqslant t_{off}$ 过渡期 $t_{n,i} > t_{w,i}$ 自然通风

注：$\Delta t_w = t_{w,i} - t_{w,i-1}$，$t_{w,i-1}$为第$i-1$时刻室外温度；$t_{w,i}$为第$i$时刻室外温度。

12.2.5 自然通风与空调的相互切换取决于室外温度的变化，空调开机温度t_{on}由人体中性温度判定；空调关机温度t_{off}由可接受温度上限判定；过渡阶段时间的长短，是在满足居民可接受温度条件下，由室内外温度的相对大小确定。

12.3 极端热湿气候区通风空调运行策略

12.3.1 极端热湿气候区居住建筑推荐空调启闭模式：当室外温度上升至 28.5℃时开启空调，当室外温度下降至 31℃时关闭空调，1h 后进行自然通风。

12.3.2 极端热湿气候区居住建筑，空调运行温度推荐值为 28℃。

12.3.3 针对不同外墙结构的建筑室内热环境，通过模拟计算，得出极端热湿气候区最佳自然通风与空调节能运行模式及自然通风延迟时间优化结果，如表 12.2 所示（不同外墙构造及传热系数如表 12.3 所示）。

不同外墙构造下建筑空调与自然通风切换模式 表 12.2

外墙构造类型	传热系数 [W/(m²·℃)]	空调开机温度（℃）($\Delta t_w \geqslant 0$)	设定温度（℃）	关机温度（℃）($\Delta t_w < 0$)	自然通风延迟时间（min）
类型 1	0.37	28.5	26.0	31.5	60
类型 2	0.60	28.5	26.0	31.0	60
类型 3	0.91	28.5	26.0	31.0	55
类型 4	1.36	28.5	26.0	31.0	55
类型 5	1.67	28.5	26.0	31.0	50
类型 6	1.82	28.5	26.0	31.0	45
类型 7	2.20	28.5	26.0	30.5	40
类型 8	2.70	28.5	26.0	30.5	35

不同外墙构造及传热系数 表 12.3

类型	外墙构造	传热系数 [W/(m²·℃)]
1	40mm 聚苯保温板＋200mm 加气混凝土＋20mm 水泥砂浆	0.37
2	20mm 聚苯保温板＋200mm 加气混凝土＋40mm 水泥砂浆	0.60
3	200mm 加气混凝土＋40mm 水泥砂浆	0.91
4	200mm 泡沫混凝土＋40mm 水泥砂浆	1.36
5	240mm 红黏土砖＋40mm 水泥砂浆	1.67
6	10mm 聚苯保温板＋200mm 钢筋混凝土＋30mm 水泥砂浆	1.82
7	200mm 红黏土砖＋40mm 水泥砂浆	2.20
8	240mm 普通黏土砖墙＋40mm 水泥砂浆	2.70

12.3.4 极端热湿气候区不同窗墙比条件下，最佳通风空调运行模式及自然通风延迟时间推荐值如表 12.4 所示。

不同窗墙比条件下空调与通风切换模式 表 12.4

建筑窗墙比	0.25	0.35	0.45
空调开启条件	28.5℃ ($\Delta t_w \geq 0$)	28.5℃ ($\Delta t_w \geq 0$)	28.5℃ ($\Delta t_w \geq 0$)
空调设定温度	26℃	26℃	26℃
空调关闭温度	31℃ ($\Delta t_w < 0$)	31℃ ($\Delta t_w < 0$)	31℃ ($\Delta t_w < 0$)
自然通风延迟时间	65min	60min	50min
过渡期内温度峰值	30.0℃	30.3℃	30.8℃

12.3.5 建筑不同窗墙比所对应的自然通风延迟时间及室内热环境不同。随着窗墙比的增加，空调关闭温度及自然通风延迟时间呈下降趋势。

13 附加光伏屋顶技术

13.1 附加光伏屋顶技术概述

13.1.1 附加光伏屋顶（BAPV）是将光伏组件安装于建筑屋面上，与建筑形成一体化的技术手段。按照不同的安装形式，可分为倾斜架空安装、平行架空安装及贴附安装；按照屋顶类型可分为平屋面和坡屋面，主要形式如图 13.1所示。

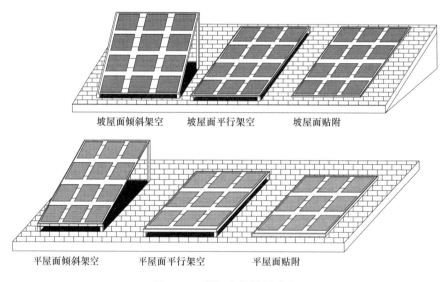

图 13.1 附加光伏屋顶形式

13.1.2 附加光伏屋顶主要结构由外到内依次为：光伏组件（玻璃盖板、EVA、电池组件、EVA、TPT 背板）、非封闭空气间层、重质屋顶。

13.2 附加光伏屋顶技术效益分析

13.2.1 附加光伏屋顶的综合收益可按照"节流、开源"分为遮阳增益与供电增益两大类。

13.2.2 附加光伏组件的遮阳增益是指有无附加光伏组件条件下，屋顶得热量或热损失的削减量或增加量。

13.2.3 附加光伏屋顶的供电增益是指将光伏组件的逐时发电量按照一定的 COP 折合成其所能承担的冷热负荷。

13.2.4 为计算附加光伏屋顶对建筑能耗的综合作用，便于与普通屋顶做对比及工程应用，引入附加光伏屋顶综合节能效率 η_{sys}：

$$\eta_{sys} = \frac{E_{pv} + Q_z}{I_T}$$

式中　η_{sys}——附加光伏屋顶综合节能效率；

Q_z——附加光伏屋顶遮阳日增益，W/m^2；

E_{pv}——附加光伏屋顶供电日增益，W/m^2；

I_T——总入射辐射强度，W/m^2。

13.2.5 倾斜架空式附加光伏屋顶具有较大的衰减倍数和延迟时间，可较好地保持室内热环境的稳定性。

13.2.6 在昼夜温差大、日照辐射强的地区，屋面附加架空式光伏组件后，屋顶得热量和冷负荷均有所降低；而在昼夜温差小且平均温度高的地区，附加光伏组件后可能会增加建筑冷负荷；贴附式附加光伏屋顶的日总得热量高于普通屋顶。

13.2.7 倾斜架空附加光伏屋顶遮阳节能效果较佳，但平行架空式热电综合节能效率较高。

下篇 系统选用方案

14 子系统方案集

14.1 光伏/光热系统

14.1.1 单体独立式光伏系统（见图 14.1）

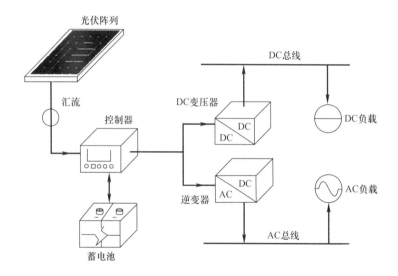

图 14.1 单体独立式光伏系统

适用条件

适用于孤立地区用能自给自足的建筑。

优点

（1）建筑用能系统独立运行并满足自身需求，无需外部能源供给。

（2）不受建筑能源系统之外的其他能源影响。

不足

（1）建筑供能与需求之间进行自身平衡，所需蓄能系统容量大，调节成本高。

（2）建筑单体用能独立、难以实现建筑群之间互补利用、存在能源浪费。

14.1.2 区域能源互补并网式光伏系统

1. 无蓄电池备用（见图 14.2）

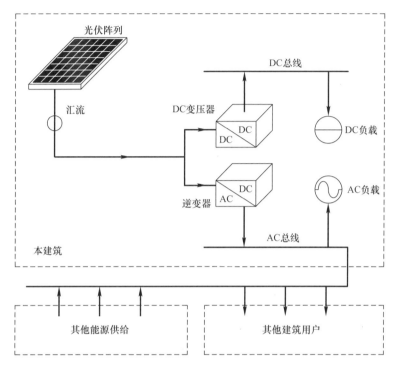

图 14.2 无蓄电池备用的区域能源互补并网式光伏系统

适用条件

（1）适用于孤立区域建筑群。

（2）适用于对独立电网光伏发电随机波动有较高容纳能力的能源系统。

优点

（1）利用区域电网进行蓄调，可减少自身蓄能费用。

（2）与建筑群其他建筑能源系统形成互补，实现集群能源最大化利用。

（3）可利用其他形式能源系统进行辅助。

不足

（1）光伏发电的随机波动性对电网稳定可靠运行有较大影响。

（2）电网故障将对单体建筑造成影响。

（3）需要增加并网设备。

（4）需要电网集中统筹协调管理。

2. 有蓄电池备用（见图 14.3）

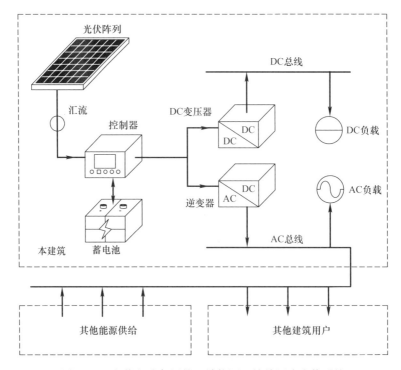

图 14.3　有蓄电池备用的区域能源互补并网式光伏系统

适用条件

（1）适用于孤立区域建筑群。

（2）适用于建筑自身有一定光伏发电随机波动容纳能力，可辅助电网稳定运行的能源系统。

优点

（1）与建筑群其他建筑能源系统形成互补，实现集群能源最大化利用。

（2）可利用其他形式能源系统进行辅助。

（3）可提升光伏发电自消耗率，减少并网对区域电网运行影响。

（4）在电网故障时可独立供电，保证用电可靠性。

（5）系统运行调度措施具有多元化。

不足

（1）在并网的基础上额外增加自身蓄调功能，控制管理相对复杂。

（2）需要增加并网设备。

（3）需要电网集中统筹协调管理。

14.1.3　太阳能供热系统（见图 14.4）

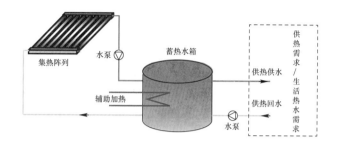

集热阵列　水泵　蓄热水箱　辅助加热　水泵　供热供水　供热回水　供热需求/生活热水需求

图 14.4　太阳能供热系统

适用条件

适用于需要配合吸收式制冷设备进行供冷，或有供热、热水需求的场合。

优点

（1）安全、清洁、无污染。

（2）供热效率高，设备系统造价相对光伏低。

不足

（1）仅能提供热能，无法提供电能等其他形式能源。

（2）高温地区存在防过热问题。

14.2　制 冷 系 统

14.2.1　蒸汽压缩式-空气源（见图 14.5）

适用条件

适用于各种建筑类型。

优点

（1）无冷却水系统，省去冷却塔、水泵及连接管道等设施。

（2）安装方便，室外机组可设置于建筑物屋顶或室外平台上，无需专用机房。

不足

（1）由于空气侧换热器传热系数小，导致所需换热器面积大，增加整机制造成本。

（2）为了保证足够的换热量，空气侧换热器所需风量较大，风机功率较大，易造成噪声污染。

（3）相对其他蒸汽压缩式热泵类型，该类型热泵 COP 较低。

47

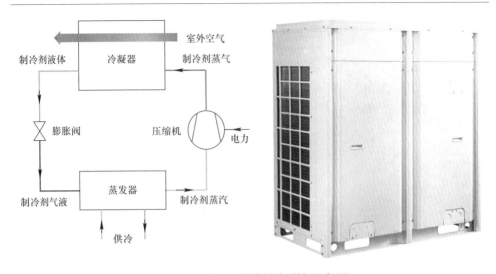

图 14.5　蒸汽压缩式制冷系统-空气源

14.2.2　蒸汽压缩式-海水源

1. 闭式（见图14.6）

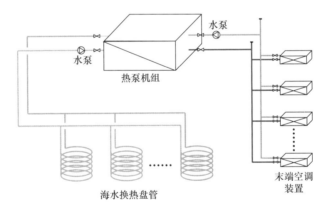

图 14.6　蒸汽压缩式制冷系统-海水源（闭式）

适用条件

适用于建筑周边有海水资源的场合。

优点

（1）海水源热泵：

1）利用可再生能源，环保效益显著。

2）水体温度较环境温度低，机组高效节能，运行费用低。

3）运行安全稳定，可靠性高。

（2）子类别：

1）由于闭式系统中换热工质是水，而非海水，因此无需增设过滤和杀菌祛藻等水处理装置；

2）工质与海水换热后直接进入热泵机组，无需增设其他换热设备，初投资和运行成本比开式系统小，同时机组的换热器内不易结垢，可降低机组维修费用；

3）由于无需克服取水口至热泵机组的静水高度，因此海水换热侧的循环水泵耗电量比开式系统小；

4）海水与热泵机组不直接接触，因此热泵机组的换热设备（如蒸发器和冷凝器）无需进行特殊处理，扩大了热泵机组的选择范围，降低了投资成本。

不足

（1）海水源热泵：

1）与海水接触部分有腐蚀问题；

2）与海水接触部分有海洋生物附着生长，从而影响取水或换热。

（2）子类别：

间接换热形式致使不能充分利用海水温度。

2. 开式直接式（见图 14.7）

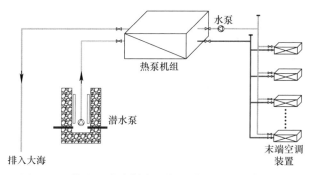

图 14.7　蒸汽压缩式制冷系统-海水源（开式直接式）

适用条件

适用于建筑周边有海水资源的场合。

优点

（1）海水源热泵：

1）利用可再生能源，环保效益显著；

2）水体温度较环境温度低，机组高效节能，运行费用低；

3）运行安全稳定，可靠性高。

（2）子类别：

1）热泵机组制冷剂直接与海水进行一次换热，可充分利用海水温度，换热效果较好；

2）海水外网取水点可设置于深海，而排水点可在近海，因此经过热泵机组换热后的海水对取水点处区域海水温度影响较小，可保证取水区域海水温度的稳定。

不足

（1）海水源热泵：

1）与海水接触部分有腐蚀问题；

2）与海水接触部分有海洋生物附着生长，从而影响取水或换热。

（2）子类别：

由于海水直接作为换热介质，对换热设备腐蚀较大，因此对汲水管路、水泵、换热设备等应采取安全可靠的防腐措施，且需定期清洗检修，维护费用较高。

3. 开式间接式（见图 14.8）

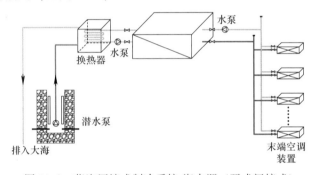

图 14.8 蒸汽压缩式制冷系统-海水源（开式间接式）

适用条件

适用于建筑周边有海水资源的场合。

优点

（1）海水源热泵：

1）利用可再生能源，环保效益显著；

2）水体温度较环境温度低，机组高效节能，运行费用低；

3）运行安全稳定，可靠性高。

（2）子类别：

1）海水外网取水点可设置于深海，而排水点可在近海，因此经过热泵机组换热后的海水对取水点处区域海水温度影响较小，可保证取水区域海水温度的稳定。

2）由于仅换热器与海水接触，当换热器受到腐蚀或管路堵塞时，只需对换热器进行更换或清洗。

不足

海水源热泵：

（1）与海水接触部分有腐蚀问题。

（2）与海水接触部分有海洋生物附着生长，从而影响取水或换热。

14.2.3　吸收式（见图 14.9）

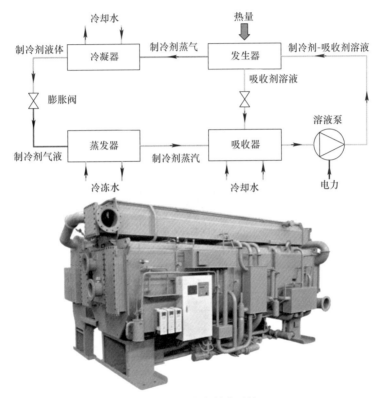

图 14.9　吸收式制冷系统

适用条件

（1）适用于有热源的场合。

（2）适用于有大型建筑供冷需求的场合。

优点

（1）可利用太阳能热能驱动吸收式热泵，进行冷量生产（如太阳能吸收式空调）。

（2）可利用其他余热、废热等热能进行冷量生产（如三联供中热量梯级利用或回收利用）。

不足

（1）由于太阳能的不连续性，导致驱动热泵存在不稳定问题。

（2）设备系统复杂，运行维护管理困难。

（3）目前多为大型机组，尚难小型化。

14.3 蓄 冷 系 统

14.3.1 水蓄冷

1. 并联直供水系统（见图 14.10）

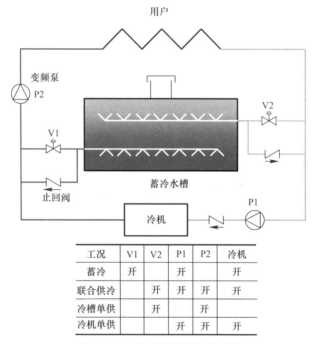

工况	V1	V2	P1	P2	冷机
蓄冷	开		开		开
联合供冷		开	开	开	开
冷槽单供		开		开	
冷机单供			开	开	开

图 14.10 并联直供水蓄冷系统

适用条件

适用于低层建筑。

优点

（1）水蓄冷：

1）可与常规空调冷源系统进行兼容，保证冷机工作效率；

2）省去冰蓄冷系统的防冻载冷剂系统，简化系统构成；

3）节省初投资，系统运行控制相对简单；

4）允许取冷速率在较大范围内变化，可很好地适应空调负荷存在较大波动的情况。

（2）子类别：

冷水直供可避免换热器换热过程，充分利用蓄冷温度。

不足

（1）水蓄冷：

1）蓄冷密度较低，所需设备容量大；

2）长时间蓄存会降低供冷温度品质；

3）自然分层水蓄冷的斜温层对蓄冷设备性能影响较大。

（2）子类别：

由于与供冷系统相通，如建筑物楼层较高，则开式系统可能出现设备倒灌现象（闭式系统无此问题）。

2. 并联间接供水系统（见图 14.11）

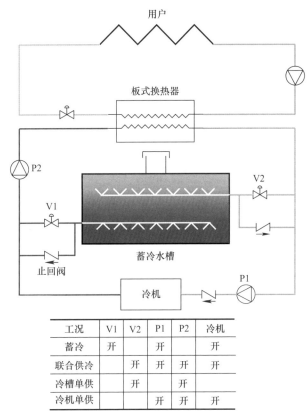

工况	V1	V2	P1	P2	冷机
蓄冷	开			开	开
联合供冷		开	开	开	开
冷槽单供		开		开	
冷机单供			开	开	开

图 14.11　并联间接供水蓄冷系统

适用条件

适用于高层建筑。

优点

（1）水蓄冷：

1）可与常规空调冷源系统进行兼容，保证冷机工作效率；

2）省去冰蓄冷系统的防冻载冷剂系统，简化系统构成；

3）节省初投资，系统运行控制相对简单；

4）允许取冷速率在较大范围内变化，可很好地适应空调负荷存在较大波动的情况。

（2）子类别：

可克服水系统倒灌问题。

不足

（1）水蓄冷：

1）蓄冷密度较低，所需设备容量大；

2）长时间蓄存会降低供冷温度品质；

3）自然分层水蓄冷的斜温层对蓄冷设备性能影响较大。

（2）子类别：

存在换热器换热过程，致使供冷不能充分利用蓄冷温度。

14.3.2　冰蓄冷

1. 内融冰-并联系统（见图 14.12）

适用条件

适用于冷机和冰槽可灵活独立运行的场合。

优点

（1）冰蓄冷：

1）蓄冷密度大，节约蓄冷设备所占空间；

2）相变过程温度基本恒定，可提供稳定温度的冷水；

3）由于冷损失过程不改变蓄冰体温度（相变过程温度恒定），因此长时间蓄冷（冰完全融化之前）不会改变供冷温度品质；

4）可提供低温冷水，以采用大温差供冷系统，减少水系统流量及能耗。

（2）子类别：

1）系统形式简单；

2）用户回水可分别直接进入冷机和冰槽，可充分发挥设备效率。

不足

（1）冰蓄冷：

1）蓄冰需要冷机工作在低温工况，增加冷机能耗；

2）冰蓄冷设备换热能力有限，运行中存在蓄冷取冷速率限制，无法满足冷负荷波动较大的情况；

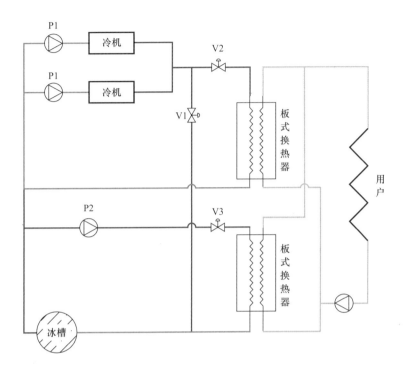

工况	V1	V2	V3	P1	P2	冷机
蓄冷	开			开		开
联合供冷		开	开	开	开	开
冷槽单供			开		开	
冷机单供		开		开		开

图 14.12　内融冰-并联系统

3）相对水蓄冷，系统复杂，初投资较高；

4）如在蓄冷过程中同时存在常规空调需求，则需额外增设基载冷机，增加系统初投资。

（2）子类别：

1）回水和冷源（冷机和冰槽）仅一次接触换热，供回水温差较小；

2）运行控制精度较差，需要具有稳定释冷特性的冰槽支持。

2. 内融冰-单泵串联冷机上游系统（见图 14.13）

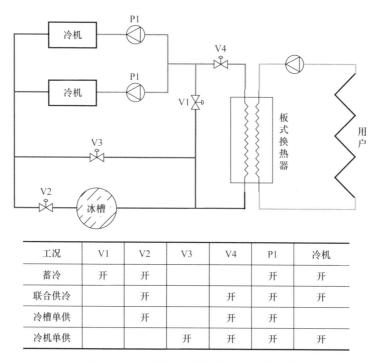

工况	V1	V2	V3	V4	P1	冷机
蓄冷	开	开			开	开
联合供冷		开		开	开	开
冷槽单供		开		开	开	
冷机单供			开	开	开	开

图 14.13 内融冰-单泵串联冷机上游系统

适用条件

适用于要求较大供回水温差的场合。

优点

（1）冰蓄冷：

1）蓄冷密度大，节约蓄冷设备所占空间；

2）相变过程温度基本恒定，可提供温度稳定的冷水；

3）由于冷损失过程不改变蓄冰体温度（相变过程温度恒定），因此长时间蓄冷（冰完全融化之前）不会改变供冷温度品质；

4）可提供低温冷水，以采用大温差供冷系统，减少水系统流量及能耗。

（2）子类别：

1）回水经过两个冷源，可取得较大换热温差，系统适应性较广（常规空调、低温供水或大温差供水系统等）；

2）回水优先通过冷机，可提高冷机运行效率。

不足

（1）冰蓄冷：

1）蓄冰需要冷机工作在低温工况，增加冷机能耗；

2）冰蓄冷设备换热能力有限，运行中存在蓄冷取冷速率限制，无法满足冷负荷波动较大的情况；

3）相对水蓄冷，系统复杂，初投资较高；

4）如在蓄冷过程中同时存在常规空调需求，则需额外增设基载冷机，增加系统初投资。

（2）子类别：

1）存在冰槽利用不充分问题；

2）冰槽出水温度不易控制。

3. 内融冰-双泵串联冷机上游系统（见图 14.14）

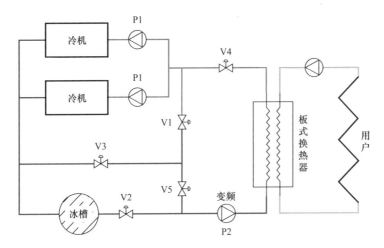

工况	V1	V2	V3	V4	V5	P1	P2	冷机
蓄冷	开	开			开	开		开
联合供冷		开		开		开	开	开
冷槽单供	开	开	开	开			开	
冷机单供			开	开	开	开	开	开

图 14.14　内融冰-双泵串联冷机上游系统

适用条件

适用于要求较大供回水温差的场合。

优点

（1）冰蓄冷：

1）蓄冷密度大，节约蓄冷设备所占空间；

2）相变过程温度基本恒定，可提供温度稳定的冷水；

3）由于冷损失过程不改变蓄冰体温度（相变过程温度恒定），因此长时间蓄冷（冰完全融化之前）不会改变供冷温度品质；

4）可提供低温冷水，以采用大温差供冷系统，减少水系统流量及能耗。

（2）子类别：

1）回水经过两个冷源，可取得较大换热温差，系统适应性较广（常规空调、低温供水或大温差供水系统等）；

2）回水优先通过冷机，可提高冷机运行效率；

3）双泵分别承担不同扬程的蓄冷和取冷工况，节能效果好；

4）可适应少量边蓄边供需求。

不足

（1）冰蓄冷：

1）蓄冰需要冷机工作在低温工况，增加冷机能耗；

2）冰蓄冷设备换热能力有限，运行中存在蓄冷取冷速率限制，无法满足有较大波动冷负荷的情况；

3）相对水蓄冷，系统复杂，初投资较高；

4）如在蓄冷过程中同时存在常规空调需求，则需额外增设基载冷机，增加系统初投资。

（2）子类别：

1）存在冰槽利用不充分问题；

2）冰槽出水温度不易控制。

4. 内融冰-串联冷机上游设基载冷机系统（见图 14.15）

适用条件

适用于要求较大供回水温差，在蓄冷阶段还存在供冷需求的场合。

优点

（1）冰蓄冷：

1）蓄冷密度大，节约蓄冷设备所占空间；

2）相变过程温度基本恒定，可提供温度稳定的冷水；

3）由于冷损失过程不改变蓄冰体温度（相变过程温度恒定），因此长时间蓄冷（冰完全融化之前）不会改变供冷温度品质；

4）可提供低温冷水，以采用大温差供冷系统，减少水系统流量及能耗。

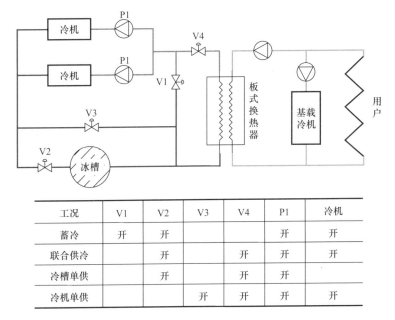

工况	V1	V2	V3	V4	P1	冷机
蓄冷	开	开			开	开
联合供冷		开		开	开	开
冷槽单供		开		开	开	
冷机单供			开	开	开	开

图 14.15　内融冰-串联冷机上游设基载冷机系统

（2）子类别：

1）回水经过两个冷源，可取得较大换热温差，系统适应性较广（常规空调、低温供水或大温差供水系统等）；

2）回水优先通过冷机，可提高冷机运行效率；

3）在蓄冷工况，以基载冷机满足常规空调需求，避免对蓄冷工作产生影响；

4）在非蓄冷时段，基载冷机可作为补充对用户直接供冷。

不足

（1）冰蓄冷：

1）蓄冰需要冷机工作在低温工况，增加冷机能耗；

2）冰蓄冷设备换热能力有限，运行中存在蓄冷取冷速率限制，无法满足有冷负荷波动较大的情况；

3）相对水蓄冷，系统复杂，初投资较高；

4）如在蓄冷过程中同时存在常规空调需求，则需额外增设基载冷机，增加系统初投资。

（2）子类别：

1）存在冰槽利用不充分问题；

2）冰槽出水温度不易控制。

5. 内融冰-串联冷机下游系统（见图 14.16）

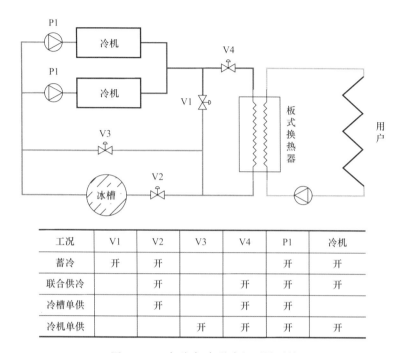

工况	V1	V2	V3	V4	P1	冷机
蓄冷	开	开			开	开
联合供冷		开		开	开	开
冷槽单供		开		开	开	
冷机单供			开	开	开	开

图 14.16　内融冰-串联冷机下游系统

适用条件

适用于要求供水温度可控的场合。

优点

（1）冰蓄冷：

1）蓄冷密度大，节约蓄冷设备所占空间；

2）相变过程温度基本恒定，可提供温度稳定的冷水；

3）由于冷损失过程不改变蓄冰体温度（相变过程温度恒定），因此长时间蓄冷（冰完全融化之前）不会改变供冷温度品质。

4）可提供低温冷水，以采用大温差供冷系统，减少水系统流量及能耗。

（2）子类别：

1）回水经过两个冷源，可取得较大换热温差，系统适应性较广（常规空调、低温供水或大温差供水系统等）；

2）回水优先通过冰槽，可提高冰槽利用效率；

3）供水最终由冷机控制，可保证供水参数要求。

不足

（1）冰蓄冷：

1）蓄冰需要冷机工作在低温工况，增加冷机能耗；

2）冰蓄冷设备换热能力有限，运行中存在蓄冷取冷速率限制，无法满足冷负荷波动较大的情况；

3）相对水蓄冷，系统复杂，初投资较高；

4）如在蓄冷过程中同时存在常规空调需求，则需额外增设基载冷机，增加系统初投资。

（2）子类别：

冷机进出口温差较小，影响冷机工作效率。

6. 外融冰-闭式系统（见图 14.17）

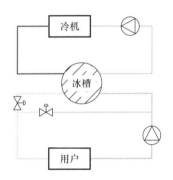

图 14.17　外融冰-闭式系统

适用条件

适用于需求较低供水温度的场合。

优点

（1）冰蓄冷：

1）蓄冷密度大，节约蓄冷设备所占空间；

2）相变过程温度基本恒定，可提供温度稳定的冷水；

3）由于冷损失过程不改变蓄冰体温度（相变过程温度恒定），因此长时间蓄冷（冰完全融化之前）不会改变供冷温度品质；

4）可提供低温冷水，以采用大温差供冷系统，减少水系统流量及能耗。

（2）子类别：

1）释冷时供水直接与冰体接触，可获得温度较低的冷水；

2）闭式冰槽可承受一定压力，因而可不经换热器而向用户直接供水，提高了供冷可利用温差；

3）形式简单可靠。

不足

（1）冰蓄冷：

1）蓄冰需要冷机工作在低温工况，增加冷机能耗；

2）冰蓄冷设备换热能力有限，运行中存在蓄冷取冷速率限制，无法满足冷负荷波动较大的情况；

3）相对水蓄冷，系统复杂，初投资较高；

（2）子类别：

闭式冰槽造价高。

7. 外融冰-开式大型区域供冷系统（见图 14.18）

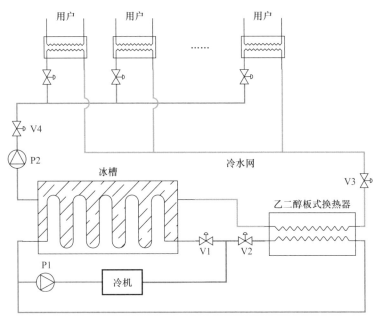

工况	V1	V2	V3	V4	P1	P2	冷机
蓄冷	开				开		开
联合供冷		开	开	开	开	开	开
冷槽单供			开	开		开	
冷机单供		开	开	开	开	开	开

图 14.18　外融冰-开式大型区域供冷系统

适用条件

适用于需求较低供水温度，且各末端用户需求不同，需要分别管理的场合。

优点

（1）冰蓄冷：

1）蓄冷密度大，节约蓄冷设备所占空间；

2）相变过程温度基本恒定，可提供温度稳定的冷水；

3）由于冷损失过程不改变蓄冰体温度（相变过程温度恒定），因此长时间蓄冷（冰完全融化之前）不会改变供冷温度品质；

4）可提供低温冷水，以采用大温差供冷系统，减少水系统流量及能耗。

（2）子类别：

1）释冷时供水直接与冰体接触，可获得温度较低的冷水；

2）可适应供冷区域较多，用户需求存在差异，需要各自独立管理的情况。

不足

（1）冰蓄冷：

1）蓄冰需要冷机工作在低温工况，增加冷机能耗；

2）冰蓄冷设备换热能力有限，运行中存在蓄冷取冷速率限制，无法满足有冷负荷波动较大的情况；

3）相对水蓄冷，系统复杂，初投资较高；

（2）子类别：

系统相对复杂，换热设施较多。

8. 外融冰-开式集中板式换热器供冷系统（见图 14.19）

适用条件

适用于需求较低供水温度，且末端用户差异不大的场合。

优点

（1）冰蓄冷：

1）蓄冷密度大，节约蓄冷设备所占空间；

2）相变过程温度基本恒定，可提供温度稳定的冷水；

3）由于冷损失过程不改变蓄冰体温度（相变过程温度恒定），因此长时间蓄冷（冰完全融化之前）不会改变供冷温度品质；

4）可提供低温冷水，以采用大温差供冷系统，减少水系统流量及能耗。

（2）子类别：

1）释冷时供水直接与冰体接触，可获得温度较低的冷水；

2）可对冷用户从冷站实现集中统一管理控制。

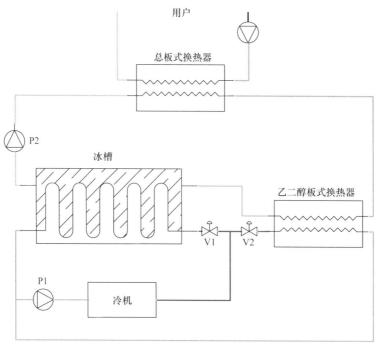

工况	V1	V2	P1	P2	冷机
蓄冷	开		开		开
联合供冷		开	开	开	开
冷槽单供				开	
冷机单供		开	开	开	开

图 14.19　外融冰-开式集中板式换热器供冷系统

不足

（1）冰蓄冷：

1）蓄冰需要冷机工作在低温工况，增加冷机能耗；

2）冰蓄冷设备换热能力有限，运行中存在蓄冷取冷速率限制，无法满足有冷负荷波动较大的情况；

3）相对水蓄冷，系统复杂，初投资较高；

（2）子类别：

1）总换热面积大；

2）初投资高。

9. 外融冰-开式双蒸发器系统（见图 14.20）

适用条件

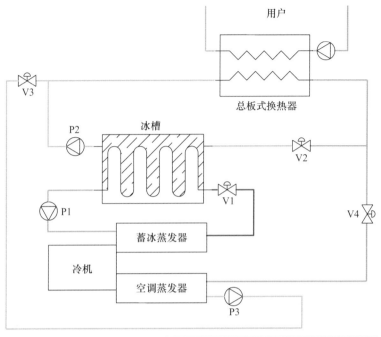

工况	V1	V2	V3	V4	P1	P2	P3	冷机
蓄冷	开				开			开
联合供冷		开	开	开		开	开	开
冷槽单供		开				开		
冷机单供			开	开			开	开

图 14.20　外融冰-开式双蒸发器系统

适用于冷机兼容蓄冰工况和空调工况的场合。

优点

（1）冰蓄冷：

1）蓄冷密度大，节约蓄冷设备所占空间；

2）相变过程温度基本恒定，可提供温度稳定的冷水；

3）由于冷损失过程不改变蓄冰体温度（相变过程温度恒定），因此长时间蓄冷（冰完全融化之前）不会改变供冷温度品质；

4）可提供低温冷水，以采用大温差供冷系统，减少水系统流量及能耗。

（2）子类别：

1）释冷时供水直接与冰体接触，可获得温度较低的冷水；

2）可直接获得空调用冷水供给用户，减少换热器冷损失；

3）可提高冷机出力和 *COP*；

4）可提高系统供冷方式的灵活性。

不足

（1）冰蓄冷：

1）蓄冰需要冷机工作在低温工况，增加冷机能耗；

2）冰蓄冷设备换热能力有限，运行中存在蓄冷取冷速率限制，无法满足有冷负荷波动较大的情况；

3）相对水蓄冷，系统复杂，初投资较高。

（2）子类别：

初投资高。

10. 外融冰-开式肋管取冷系统（见图14.21）

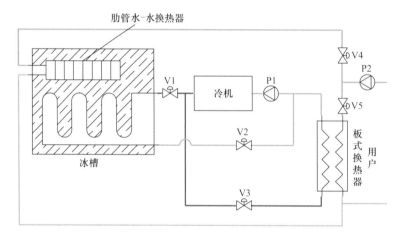

工况	V1	V2	V3	V4	V5	P1	P2	冷机
蓄冷	开	开				开		开
联合供冷			开	开	开	开	开	开
冷槽单供			开			开		
冷机单供			开		开	开	开	开

图14.21　外融冰-开式肋管取冷系统

适用条件

适用于场地受限的场合。

优点

（1）冰蓄冷：

1）蓄冷密度大，节约蓄冷设备所占空间；

2）相变过程温度基本恒定，可提供温度稳定的冷水；

3）由于冷损失过程不改变蓄冰体温度（相变过程温度恒定），因此长时间蓄冷（冰完全融化之前）不会改变供冷温度品质；

4）可提供低温冷水，以采用大温差供冷系统，减少水系统流量及能耗。

（2）子类别：

1）供冷换热器与冰槽一体化，节省冷站空间；

2）换热器价格较低；

3）可避免倒灌溢流现象。

不足

（1）冰蓄冷：

1）蓄冰需要冷机工作在低温工况，增加冷机能耗；

2）冰蓄冷设备换热能力有限，运行中存在蓄冷取冷速率限制，无法满足冷负荷波动较大的情况；

3）相对水蓄冷，系统复杂，初投资较高。

（2）子类别：

1）由于冰槽外水流为静止换热，故换热系数小、换热效率低；

2）由于水的自然分层效应，使得上部肋管与相对较高温度的冷水换热，降低了肋管换热效果和冰槽取冷速率；

3）由于肋管换热器置于冰槽上部，需要增加冰槽内液位高度，导致冰槽做工加厚，存在造价升高。

14.3.3 新型相变材料蓄冷

新型相变材料蓄冷系统形式可参考内融冰或封装冰系统形式进行设计。新型相变材料如图14.22所示。

适用条件

适用于需要兼容较高运行效率和设备空间节省的场合。

优点

（1）蓄冷密度高，所需设备体积小。

（2）相变温度可选取在常规空调系统运行范围内，从而可与常规空调冷源系统兼容，避免冰蓄冷低温制冷工况、能耗高的问题。

不足

（1）由于相变材料导热系数低，因而有蓄冷设备换热效率低的问题。

（2）相变材料价格昂贵。

图 14.22　新型相变材料

14.4　空气处理系统

14.4.1　集中式（见图 14.23）

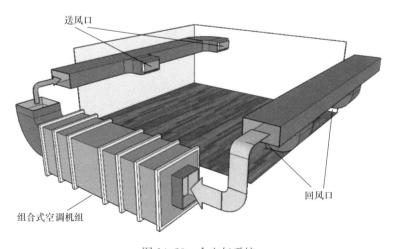

图 14.23　全空气系统

适用条件

适用于温湿度控制要求高、建筑空间大的场合（如会议厅、展览厅、酒店大堂等）。

优点

（1）可实现对空气的降温、除湿、加热、增湿、净化等各种处理过程。

（2）可满足各种调节范围、空调精度及洁净度要求。

（3）便于集中管理和维护。

不足

（1）通风管道占用空间较大；

（2）需要单独设置空调机房；

（3）机组故障易致整体系统瘫痪。

14.4.2　半集中式

1. 风机盘管＋新风空调系统（见图 14.24）

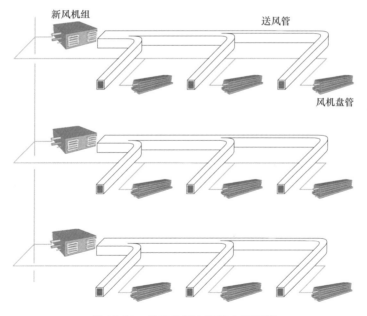

图 14.24　风机盘管＋新风空调系统

适用条件

适用于空间区域较多、用户空调需求各异的建筑场合（如酒店建筑、办公建筑、居住建筑等）。

69

优点

（1）相比集中式系统，可减少通风管道布置空间。

（2）可满足不同空调区域的不同调节需求。

（3）相比分散式系统可满足房间新风需求。

不足

（1）风系统、水系统共存，系统相对复杂。

（2）新风集中处理，因此若新风机组故障将致所有房间新风不足问题。

（3）风机盘管和新风机组按照各自承担部分负荷进行设计，若一方出现故障，则无法满足室内总冷需求。

2. 多联机空调系统（见图 14.25）

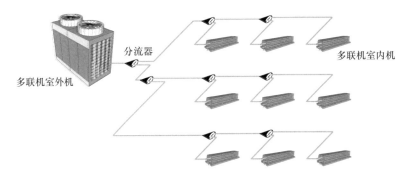

图 14.25　多联机空调系统

适用条件

适用于空间区域较多，用户空调需求各异的建筑场合（如酒店建筑、办公建筑、居住建筑等）。

优点

（1）系统占用空间少。

（2）施工安装方便。

（3）室外机可设置于楼顶或室外平台，不用单独设立空调机房。

（4）可满足不同空调区域的不同调节需求。

（5）相对分散式系统，效率较高。

（6）冷源集中，便于管理。

不足

（1）制冷剂管路较长，冷量损失较大。

（2）机组故障易致系统整体瘫痪。

14.4.3　分散式（见图 14.26）

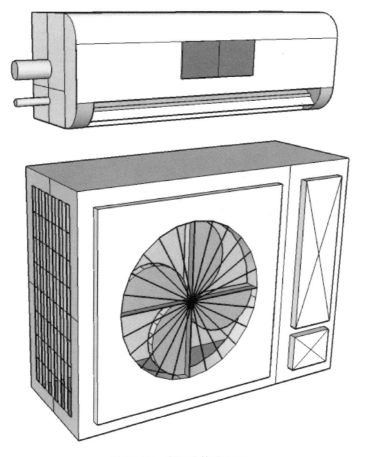

图 14.26　房间分体式空调

适用条件

适用于空间区域较多、用户空调需求各异的建筑场合（如酒店建筑、办公建筑、居住建筑等）。

优点

（1）无需单独设立机房，节约建筑空间。

（2）使用灵活，安装布置方便。

（3）维修更换方便。

（4）可满足不同空调区域各自的送风要求。

（5）可保证设备运行独立性，避免集中式系统故障则全面瘫痪的问题。

不足

（1）效率较低，整体建筑群集群能耗较高。

（2）不适宜较大空间。

14.4.4 温湿度独立控制式（湿度温度处理分开介绍）

1. 湿度处理-固体转轮除湿（见图 14.27）

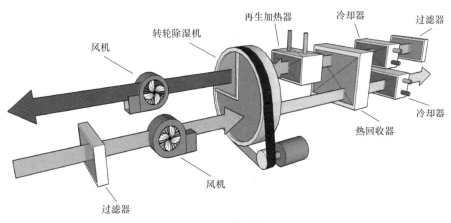

图 14.27 固体转轮除湿

适用条件

适用于温湿度独立控制、空气处理需求大、需求深度除湿的场合。

优点

（1）处理空气量大，吸附剂吸水性强，从而吸湿量大，可用于深度除湿。

（2）在低温低湿状态时易获得低露点的空气。

（3）吸附设备旋转部件少，结构简单，维护方便，噪声低，运行可靠性高。

（4）体积小、安装简便、除湿换热性能好。

（5）与液体吸收式除湿机相比，无飞沫带液损失，既无需补充吸湿剂，也不会对金属管道形成腐蚀。

不足

（1）再生所需温度较高。

（2）转轮除湿能耗较高。

（3）造价较高。

（4）除湿后干空气温度较高，降温能耗增高。

2. 湿度处理-溶液除湿（见图 14.28）

适用条件

适用于温湿度独立控制、有连续除湿需求、节能要求高的场合。

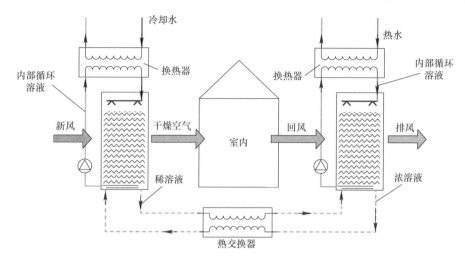

图 14.28　溶液除湿

优点

（1）空气可以被直接处理到所要求的送风状态点，避免常规空调系统和转轮除湿系统中冷热抵消的现象，能源利用效率高。

（2）适用于热湿比变化范围大的条件。

（3）除湿和再生过程可以分开，避免相互影响。

不足

（1）存在管道腐蚀问题。

（2）除湿液体与空气直接接触，有空气带液问题，导致除湿溶液减少，需要定期增添溶液量。

（3）空气与除湿溶液存在交叉污染问题。

3. 温度处理-干式风机盘管（见图 14.29）

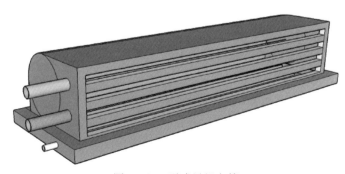

图 14.29　干式风机盘管

适用条件

适用于各种建筑类型。

优点

（1）采用高温冷水，节省冷源能耗。

（2）空气换热处理迅速。

不足

与湿式风机盘管相比，换热温差小，供冷能力有限。

4. 温度处理-毛细管型辐射板（见图 14.30）

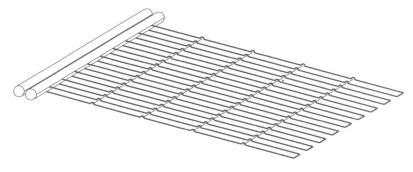

图 14.30　毛细管型辐射板

适用条件

适用于有较高舒适性需求的场合。

优点

（1）采用高温冷水，节省冷源能耗。

（2）辐射板布置灵活。

（3）无吹风感，供冷舒适度高。

不足

（1）毛细管管径小，容易堵塞。

（2）占用建筑面积大。

（3）供冷能力有限。

14.5　子系统汇总及选用建议

子系统汇总及选用建议如表 14.1 所示。

子系统汇总及选用建议　　　　　　　　　　　表 14.1

序号	子系统	类别	子类别	极端热湿气候区选用建议
I	光伏/光热系统	单体独立式光伏系统	—	1. 对单体建筑有较高独立性要求时，可采用单体独立式系统 2. 对于建筑用能难以自持化时，宜考虑采用能源并网式以保证需求 3. 对孤立区域用户群，建议采用区域能源互补并网式系统以提高光伏发电集群利用效率，同时辅以其他能源提高区域能源安全；但需要进行电网集中管理以提高电网运行安全 4. 当要求综合单体建筑独立性和区域建筑群能源高效可靠性时，可考虑采用有蓄电池备用的并网系统
		区域能源互补并网式-光伏系统	无蓄电池备用	
			有蓄电池备用	
		太阳能供热系统	—	1. 可与吸收式热泵组合供冷 2. 有供热或热水需求时可考虑采用该系统
II	制冷系统	蒸汽压缩式-空气源	—	1. 适用各种建筑类型 2. 在无专用机房情况下可优先考虑
		蒸汽压缩式-海水源	闭式	类别共性： 1. 如建筑附近存在海水资源，可考虑采用该类型热泵 2. 需要注意设备防腐蚀和防治海洋生物问题 3. 设计时需要考虑长距离散热管道热损失问题以及水泵能耗问题，如综合能耗及经济不合理，不宜采用该类型热泵 子类别比较： 考虑防腐蚀问题，尽量避免采用开式直接式系统
			开式直接式	
			开式间接式	
		吸收式	—	1. 太阳能资源丰富区，在集热温度较高的情况下，可考虑该系统形式 2. 如采用三联供系统，可考虑采用该系统形式回收热量进行供冷以提高能源利用效率
III	蓄冷系统	水蓄冷	并联直供水系统	类别共性： 1. 可协调太阳能供能与用户需求匹配问题 2. 如区域或建筑有空间限制要求，不宜采用水蓄冷 3. 如建筑设计存在消防水池，可考虑改造消防水池兼用水蓄冷

序号	子系统	类别	子类别	极端热湿气候区选用建议
III	蓄冷系统	水蓄冷	并联间接供水系统	4. 需考虑水蓄冷温度分层对冷水品质的影响,宜采用满蓄满供方式,如无法满足满蓄满供过程,应在工程设计前期考虑分析整个系统的综合效益问题,若无法达到合理效益则不宜采用水蓄冷设备 子类别比较: 如建筑物楼层不高,宜优先考虑直供系统形式,反之宜优先考虑间接供水系统形式
		冰蓄冷	内融冰-并联系统 内融冰-单泵串联冷机上游系统 内融冰-双泵串联冷机上游系统 内融冰-串联冷机上游设基载冷机系统 内融冰-串联冷机下游系统 外融冰-闭式系统 外融冰-开式大型区域供冷系统 外融冰-开式集中板式换热器供冷系统 外融冰-开式双蒸发器系统 外融冰-开式肋管取冷系统	类别共性: 1. 可协调太阳能供能与用户需求匹配问题 2. 由于冰蓄冷系统能耗高,对太阳能供能系统需求容量高,致使初投资上升,因此应在工程设计前期分析整个系统的综合效益,若无法达到合理效益则不宜采用冰蓄冷设备 子类别比较: 1. 为协调太阳能系统供能匹配问题,故存在边蓄供过程,可考虑设置有边蓄边供功能的外融冰系统形式 2. 并联系统形式如设计有边蓄边供功能,则可考虑该形式 3. 如采用内融冰串联形式,除双泵串联形式可适应少量部分边蓄供需求外,其他形式宜额外设置常规供冷系统以满足边蓄边供需求
		新型相变材料蓄冷	—	1. 可协调太阳能供能与用户需求匹配问题 2. 由于新型相变材料价格昂贵,会导致系统初投资费用提高,因此应在工程设计前期分析整个系统的综合效益问题,若无法达到合理效益则不宜采用新型相变蓄冷设备 3. 为解决太阳能系统供需匹配问题,故存在边蓄供过程,因此需额外设置常规供冷系统以满足边蓄边供需求
IV	空气处理系统	集中式	全空气系统	1. 空调区域较大、人员较多的情况(如会议室、展览厅等),可考虑该系统方式 2. 空调系统故障维修或老旧更换不便,而空调需求较大的地区,为避免空调故障长时间不能解决,建议有条件采用该系统方式

序号	子系统	类别	子类别	极端热湿气候区选用建议
Ⅳ	空气处理系统	半集中式	风机盘管＋新风空调系统	针对独立空调区域数量较多，同时各区域存在独立温度控制要求和一定空气品质需求时，可考虑该系统方式
			多联机空调系统	1. 独立空调区域数量较多，同时各区域存在独立温度控制要求时，可考虑该系统方式 2. 为节省建筑空间，可考虑该系统方式
		分散式	房间分体式空调	1. 独立空调区域数量较多且空间较小，同时对室内空气调节舒适度没有严苛要求时，可考虑该系统方式 2. 为节省建筑空间，可考虑该系统方式 3. 空调系统故障维修或老旧更换不便的地区，可考虑该系统方式
		温湿度独立控制式	湿度处理-固体转轮除湿	类别共性： 1. 对于湿负荷较高的地区，为减少常规冷却除湿带来的高能耗问题，可采用温湿度独立控制系统 2. 可采用太阳能作为加热热源进行再生过程 3. 需要空气集中处理
			湿度处理-溶液除湿	子类别比较： 1. 有较大空气除湿需求，或对于溶液除湿剂运输补给不便的地区，可采用固体转轮除湿系统 2. 有较高节能要求，同时供热和除湿不同步需要蓄热协调时，可采用溶液除湿系统
			温度处理-干式风机盘管	1. 一般情况下，两者均可用，应根据实际技术经济性比较选择 2. 如对室内人员舒适度有较高要求，可采用毛细管型辐射末端
			温度处理-毛细管型辐射板	

15 系统组合方案集

1. 光伏系统＋光热系统＋海水源热泵＋溶液除湿＋显热处理设备（见图 15.1）

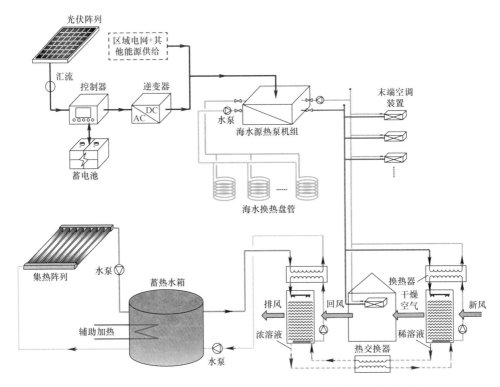

图 15.1 光伏系统＋光热系统＋海水源热泵＋溶液除湿＋显热处理设备

选用依据

（1）孤立区域，常规能源运输不便，采用光伏及光热系统；

（2）靠近海域，采用海水源热泵系统；

（3）室外空气相对湿度较高，采用温湿度独立控制系统；

（4）减少除湿能耗，采用溶液除湿。

技术特征

（1）系统运行效率高，节能潜力大；

（2）能源种类、冷源系统、空气处理系统复杂，初投资较高。

2. 光伏系统＋海水源热泵＋风机盘管＋新风机组（见图 15. 2）

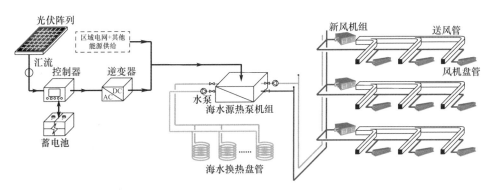

图 15.2　光伏系统＋海水源热泵＋风机盘管＋新风机组

选用依据

（1）孤立区域，常规能源运输不便，采用光伏系统；

（2）靠近海域，采用海水源热泵系统；

（3）满足各房间独立调节需求和新风需求，采用风机盘管加新风机组。

技术特征

（1）系统运行效率高，节能潜力大；

（2）冷源系统复杂，初投资较高。

3. 光伏系统＋空气源热泵（水载冷剂）＋风机盘管＋新风机组（见图 15. 3）

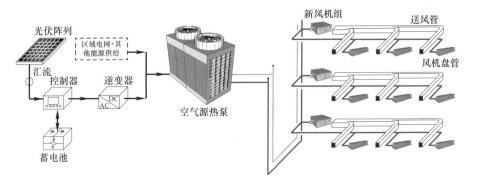

图 15.3　光伏系统＋空气源热泵（水载冷剂）＋风机盘管＋新风机组

选用依据

（1）孤立区域，常规能源运输不便，采用光伏系统；

（2）安装施工布置简单，节约建筑空间，采用空气源热泵系统；

（3）满足各房间独立调节需求和新风需求，采用风机盘管加新风机组。

技术特征

（1）安装方便，节省建筑空间；

（2）冷源能耗较高。

4. 光伏系统＋海水源热泵＋全空气系统（见图 15.4）

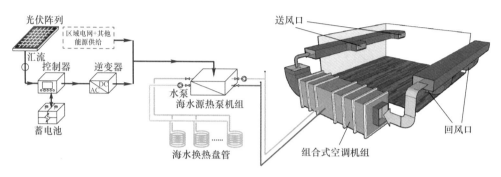

图 15.4　光伏系统＋海水源热泵＋全空气系统

选用依据

（1）孤立区域，常规能源运输不便，采用光伏系统；

（2）靠近海域，采用海水源热泵系统；

（3）针对较高温湿度控制要求或大型建筑空间，采用全空气系统。

技术特征

（1）系统运行效率高，节能潜力大；

（2）空气处理系统布置集中，便于管理维护；

（3）冷源系统复杂，初投资较高。

5. 光伏系统＋空气源热泵（水载冷剂）＋全空气系统（见图 15.5）

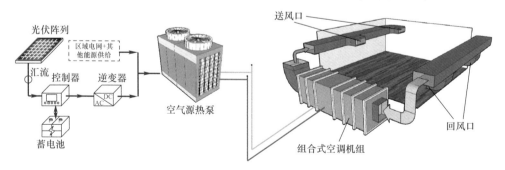

图 15.5　光伏系统＋空气源热泵（水载冷剂）＋全空气系统

选用依据

（1）孤立区域，常规能源运输不便，采用光伏系统；

（2）冷源设备安装施工布置简单，节约建筑空间，采用空气源热泵系统；

（3）针对较高温湿度控制要求或大型建筑空间，采用全空气系统。

技术特征

（1）冷源设备安装方便，节省建筑空间；

（2）空气处理系统布置集中，便于管理维护；

（3）冷源能耗较高。

6. 光伏系统＋多联机空调系统（见图 15.6）

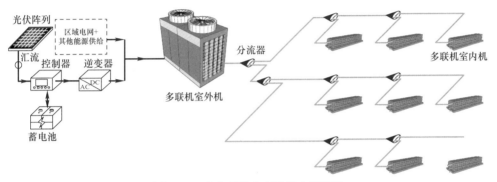

图 15.6　光伏系统＋多联机空调系统

选用依据

（1）孤立区域，常规能源运输不便，采用光伏系统；

（2）安装施工布置简单，节约建筑空间，采用多联机空调系统。

技术特征

（1）系统简单，安装方便，初投资较少，节省建筑空间；

（2）冷源能耗较高。

7. 光伏系统＋房间分体式空调（见图 15.7）

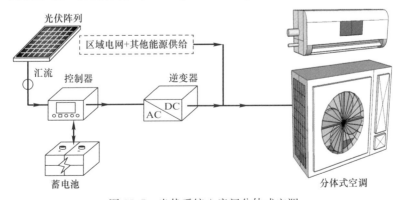

图 15.7　光伏系统＋房间分体式空调

选用依据

（1）孤立区域，常规能源运输不便，采用光伏系统；

（2）安装施工布置简单，节约建筑空间，同时各系统相互独立不干扰，便于维修更换，采用房间分体式空调。

技术特征

（1）系统简单，安装方便，初投资较少，节省建筑空间；

（2）冷源能耗较高。

参 考 文 献

[1] 建筑材料工业技术监督研究中心. 设备及管道绝热设计导则. GB/T 8175—2008 [S]. 北京：中国标准出版社，2008.

[2] 中国建筑科学研究院. 民用建筑供暖通风与空气调节设计规范. GB 50736—2012 [S]. 北京：中国建筑工业出版社出版，2012.

[3] 上海电力设计院有限公司. 光伏发电站设计规范. GB 50797—2012 [S]. 北京：中国计划出版社，2012.

[4] 中冶京诚工程技术有限公司. 钢结构设计标准. GB 50017—2017 [S]. 北京：中国建筑工业出版社出版，2017.

[5] 陆耀庆. 实用供热空调设计手册（第2版）[M]. 北京：中国建筑工业出版社，2008.

[6] 赵庆珠. 蓄冷技术与系统设计 [M]. 北京：中国建筑工业出版社，2012.

[7] 刘晓华. 温湿度独立控制空调系统（第2版）[M]. 北京：中国建筑工业出版社，2013.

[8] 杨金焕. 太阳能光伏发电应用技术（第2版）[M]. 北京：电子工业出版社，2013.

[9] 刘晓华. 溶液除湿 [M]. 北京：中国建筑工业出版社，2014.

[10] 黄翔. 空调工程（第2版）[M]. 北京：机械工业出版社，2014.

[11] 张昌. 热泵技术与应用（第2版）[M]. 北京：机械工业出版社，2015.

[12] 方贵银. 蓄能空调技术（第2版）[M]. 北京：机械工业出版社，2018.

[13] 刘俊杰. 太阳能驱动溶液除湿空调系统的匹配关系及方案对比研究 [D]. 西安：西安建筑科技大学，2017.

[14] 王玥. 光伏屋顶遮阳与供电综合节能研究 [D]. 西安：西安建筑科技大学，2017.

[15] 孙超. 独立光伏海水源空调系统优化匹配与方案对比研究 [D]. 西安：西安建筑科技大学，2018.

[16] 刘露露. 热湿地区居住建筑自然通风与空调耦合运行模式研究 [D]. 西安：西安建筑科技大学，2018.

[17] 宋雪丹. 极端热湿气候区建筑冷负荷影响因素及特性分析 [D]. 西安：西安建筑科技大学，2018.

[18] 邱政豪. 太阳能驱动溶液除湿空调系统集热/光伏面积优化匹配研究 [D]. 西安：西安建筑科技大学，2018.

[19] 吴航. 极端热湿气候区自持化光伏空调系统与建筑热工匹配研究 [D]. 西安：西安建筑科技大学，2018.

[20] 刘俊杰，孙婷婷，刘艳峰. 独立光伏溶液除湿空调系统在极端热湿岛礁的应用 [J]. 暖通空调，2017，47（12）：112-117.

[21] 刘艳峰，邱政豪，王莹莹，刘加平. 太阳能驱动溶液除湿空调系统在低纬度孤立岛礁应用的优化匹配研究 [J]. 暖通空调，2018，48（11）：92-98.

［22］ 刘艳峰，刘露露，宋聪，董宇. 海南中部地区农村住宅夏季热舒适调查研究［J］. 暖通空调，2018，48（05）：90-94.

［23］ 刘艳峰，刘露露，王登甲，董宇，刘俊杰. 热湿地区居住建筑自然通风与空调耦合运行模式研究［J］. 暖通空调，2018，48（10）：65-70.

［24］ 孙超，孙婷婷，刘艳峰. 极端热湿气候条件下独立光伏海水源热泵系统优化匹配研究［J］. 暖通空调，2018，48（05）：42-46.

［25］ 刘艳峰，宋雪丹，王莹莹，刘露露，刘加平. 极端热湿气候区建筑湿负荷计算方法研究［J］. 建筑热能通风空调，2019（08）：1-5.

［26］ 刘艳峰，王玥，王登甲，姜超，刘加平. 屋顶光伏发电与遮阳综合节能分析［J］. 太阳能学报，2019，40（06）：1545-1552.

［27］ 邱政豪，王莹莹，刘艳峰，刘加平. 太阳能驱动溶液除湿空调系统光热面积优化匹配研究［J］. 暖通空调，2019，49（03）：87-90＋96.